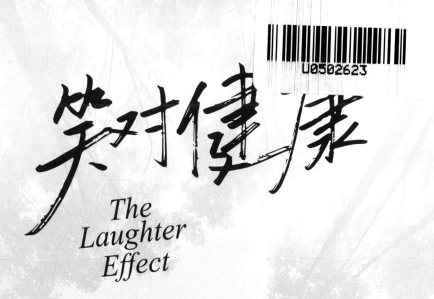

笑对健康

The Laughter Effect

［澳］罗斯·本–摩西 ／ 著
Ros Ben-Moshe

赵倩 ／ 译

中国科学技术出版社
·北京·

The Laughter Effect by ROS BEN-MOSHE
Copyright © 2023 BY ROS BEN-MOSHE
This edition arranged with Schwartz Books Trust trading as "Nero"
through BIG APPLE AGENCY, LABUAN, MALAYSIA.
Simplified Chinese edition copyright:
2025 China Science and Technology Press Co., Ltd.
All rights reserved.
北京市版权局著作权合同登记 图字：01-2024-0623

图书在版编目（CIP）数据

笑对健康 /（澳）罗斯·本 – 摩西 (Ros Ben-Moshe)
著；赵倩译 . -- 北京：中国科学技术出版社，2025.
5. -- ISBN 978-7-5236-1278-1

Ⅰ . B842.6-49

中国国家版本馆 CIP 数据核字第 2025XG5606 号

策划编辑	赵　嵘	责任编辑	聂伟伟
封面设计	东合社	版式设计	蚂蚁设计
责任校对	焦　宁	责任印制	李晓霖

出　　版	中国科学技术出版社
发　　行	中国科学技术出版社有限公司
地　　址	北京市海淀区中关村南大街 16 号
邮　　编	100081
发行电话	010-62173865
传　　真	010-62173081
网　　址	http://www.cspbooks.com.cn

开　　本	880mm×1230mm　1/32
字　　数	184 千字
印　　张	8.625
版　　次	2025 年 5 月第 1 版
印　　次	2025 年 5 月第 1 次印刷
印　　刷	大厂回族自治县彩虹印刷有限公司
书　　号	ISBN 978-7-5236-1278-1/B・205
定　　价	59.80 元

| 目 录 | Contents |

引言

笑之于灵魂，犹如肥皂之于身体。

——谚语

常言道："笑是最好的良药。"但真有那么简单吗？一定程度的大笑是治疗一系列现代病（包括孤独和抑郁）的万灵丹吗？如果你现在没有心情笑怎么办？或者，也许你认为自己是无趣之人，而身边的至亲至爱也不是能逗人发笑的"开心果"。那么，如何才能找到笑的源泉呢？

好消息是，尽管你可能对如何引导内心的"喜剧演员"踌躇不定，或者有时候你需要承受巨大的压力，但你依然可以利用"笑声效应"（laughter effect）——这个名词由我所创。这种以科学为基础的身心哲学与实践——其基本原理可以追溯到圣经时代和古代文明——并非依赖于某个笑话或某种有趣的情况，这点也许会让你感到惊讶。相反，它是一种基于幽默和非幽默的整体技能的组合。掌握了这种技能，你能否拥有乐观或积极的心态就不再是听天由命的事，它将由你掌控。如果经常练习，那么轻松愉快便能成为常态。它会先让我们的身体处于舒适的状态——哪怕我们当时并不觉得多兴奋——然后大脑也会跟着进入这种状态。笑声效应由多种元素组成，其目的是提升快乐，同时打造坚不可摧的韧性盾牌，抵御生活中的挑战，并让负责感受的身体和负责思考的大脑朝着健康的方向发展。

笑声效应不会回避任何情绪：好的情绪、不太好的情绪，甚至糟糕的情绪。这是我们成为人的原因。笑声效应通过有意识地唤起笑的能量，即快乐的本质，从而抑制压力激素，并促进带来积极幸福感的 DOSE 的产生：多巴胺（dopamine），大脑的奖赏中枢；催产素（oxytocin），被亲切地称为"爱的分子"；血清素（serotonin），身体产生的抗抑郁物质；内啡肽（endorphins），人体的快乐激素（四者统称为 DOSE）。本书将帮助你进一步了解这些物质，掌握实现笑声效应的实践方法。在日常应用中，你所学到的技巧、策略和实践方法都可以改变你的身体、心理、社交和情感状态。多年来，我从个人和职业经历中汲取灵感，总结出了笑声效应的理念。它以我的广泛研究和实践为基础，同时借鉴了其他有关大笑与幽默的研究和实践，结合了幽默和大笑疗法、积极心理学、正念和神经科学的智慧。来自世界各地的个人蜕变故事①以及一些严肃的科学研究，也极大地丰富了本书的内容。

---

① 为了保护个人隐私，我们对故事中涉及的人名与细节信息进行了更改。

让我们开始吧

（1）列出 5 件让你发笑的事情。

（2）能够逗你发笑的"开心果"是谁？用一句话概括他带给你的感觉。

（3）你最早的关于笑的记忆是在什么时候？当时你与谁在一起？你还记得你们在做什么吗？花一点儿时间回忆当时的快乐——让自己沉浸在大笑的声音和感觉中。

现在，你应该已经对我的为人有了一定的了解。也许你认为我是个波丽安娜式①的人：天真乐观，始终昂头挺胸，从未被悲伤、疾病或忧郁所困扰。我可以肯定地告诉你，并非如此。那么，我是在何种契机下开始探索笑声效应呢？

大约 20 年前，我设计了一系列无麸质、无乳制品和以素食为主的食谱，结果遭到一众出版商的拒绝，他们认为"市场太小，难以证明这种高度专业化的烹饪书籍是否值得花费如此高昂的制作成本"（他们无法预知未来），这让我有点儿沮丧。我曾患有慢性疲劳综合征（CFS），因此我对健康幸福这类课题产

① 波丽安娜这个名字来自美国一部畅销小说《波丽安娜》，小说的女主人公是一名很乐观的女生，所以心理学界借用其名字，来形容多数人都是乐观的。——编者注

生了浓厚的兴趣，于是决定回到学校去学习。为了满足研究生入学的要求，我需要具备一定的经验。幸运的是，当时世界卫生组织正在澳大利亚墨尔本举办"全球健康促进大会"（Global Conference on Health Promotion），我申请并成为会议记录员，负责每日会议的总结工作。在众多"严肃"的会议中，有一个活动令我眼前一亮，那就是大笑瑜伽（laughter yoga）。

有必要展开说一说。

经验丰富的主持人菲利帕·查利斯（Phillipa Challis）阐述了基本原理，然后邀请现场观众参与这个令人惊讶的新奇实践。当我和其他参与者一起大笑时，立刻感受到振奋人心的能量以及身体和情感上的变化。这是我一生中非常充满活力的体验之一。在过去的20年里，我一直饱受慢性疲劳综合征的困扰，我咨询了许多医学专家和其他健康行业的从业者，但与我尝试过的其他方法相比，大笑瑜伽对健康的益处更加直接，效果也更加显著。我想，我在偶然间发现了自己的使命。

我开始学习健康促进（health promotion），不久后我接受了大笑瑜伽的导师培训，成了相关领域的专家，向所有感兴趣的人宣传大笑的好处。直到我的生命迎来一个显然没有任何乐趣的时刻——42岁那年，我被诊断出肠癌。尽管癌症毫无幽默可言，但我的内心深处知道，自己离不开大笑。实践我所宣扬的理念的时刻到了。我只是需要时间（和几次大手术）来将这些点联系起来。

第一个契机是一家企业的内衣大笑瑜伽派对，我受邀担任主持人。几个月前我收到邀请的时候，内心兴奋不已。但在肠道大手术的4天前，我实在不想被二十几个身穿花式睡衣的兴奋女人围绕着。我机械地介绍了大笑对健康的好处，然后开始组织了一场大笑练习。不一会儿，我便感到轻松和生气勃勃，最后几乎要飘飘然了。内啡肽（人体内天然的止痛物质）开始发挥作用，我的心中涌起一股对生活的激情。这是我第一次意识到，我比自己所指导的团体更加需要这种治疗。大笑的确缓解了我的大部分压力，对于即将到来的5个小时的手术，我在心理上做好了更加充分的准备，也积蓄了更多的力量。

我决定将自己的理论付诸实践。为了增强幸福感，我不会等到想笑的时候才笑。手术后，我会让自己主动笑起来。但那时我还不知道，手术切除了30厘米的肠道，与之一同失去的，还有笑的能力。光是呼吸就已经十分困难了。那个始终被我视为理所当然的东西被剥夺了。

就在那时，我对笑声效应的探索从肉体层面的笑延伸至其他关联领域。我不想只是等待自己恢复良好的感觉，相反，我想自己创造能够放大这种感觉的机会。我要将积极性具象化，借助全心全意的微笑和感恩，并通过写积极日记，让大脑去寻找可能性，而不是发现问题。在积极日记中，我可以用感恩或轻松的方式重新讲述生活中那些不尽如人意的事情，或者放大一天中让我感到快乐的"微时刻"（micro-moments）——这是由积极心理学教授芭芭拉·弗雷德里克森（Barbara Fredrickson）创造的术语。

术后，我的身体仿佛遭到一辆半挂车的撞击。我的情绪低落，需要大量的积极情绪，同时还需要再注射一剂吗啡。这时，我的手仿佛有了磁性，被身边的一支铅笔和作为餐垫的一大张白纸所吸引，餐垫上还放着我未动过的早餐。我开始用这支笔和这张纸列出当下自己感激的一切，从放慢生活节奏的重要性——即使这是不得已而为之——到身体神奇的治愈能力。我还活着，对此我感激不已。我不由自主地一直写下去。

没过多久，灿烂的笑容让我的脸庞和心境都明亮了起来。仿佛身体的每个细胞、每个组织、每块肌肉都在微笑。我在黑暗中迎来光明，因失去而产生的悲伤转化为感激，我完全忘记了自己的疼痛。当护士进来给我注射吗啡时，看到我坐得笔直，面带微笑，她还以为自己走错了房间，于是飞快地走了出去。身体释放的天然吗啡开始发挥作用。那是我的顿悟时刻。我亲身验证了笑声效应。

从那时起，我开始研究大笑疗法，并为个人和团体（从养老院到企业和政府）提供了无数针对身心健康的大笑课程。我惊讶地发现，无论哪个群体，无论什么年龄，笑声效应都对人们有帮助，此外，笑声效应还可以应用于各种日常场景：交通拥堵、伴侣间的矛盾，甚至是流行病。就像肌肉需要锻炼一样，要形成神经通路，从而更轻松地应对生活中的压力，同样需要一定的练习和时间。笑声效应可以锻炼你的身心。至于锻炼的程度，则完全取决于你自己。

撰写本书的目的是激励你改变自己的生活，并鼓励你通过日常练习提升幸福感。唤醒内在和外在的微笑；释放你的第六感，即幽默的力量；真正地放大和创造积极的情绪。本书希望大笑能作为你看世界的镜头，并为一系列自我关怀和健康幸福的策略（包括正念、感恩和自我关怀）增加新的维度，让这些策略的践行者过上更加健康、幸福的生活。

我们将深入研究笑的历史，探讨它在人类生存中的进化作用——我更喜欢将人类生存描述为生存与发展——并建立一个框架来实现你想要的美好生活。我们会回答一个问题：笑真的是最好的良药吗？

最后，我们将探索刻意大笑的练习，从而掌握基本的生活与大笑技巧。我们将探讨两种主要方式，大笑瑜伽与笑出健康（laughter wellness）——为身心健康而笑，而不仅仅因幽默而笑。我们也将深入研究与微笑相关的神经科学，学会感恩，从而转变生活视角，并探讨如何让友善和自我关怀成为一种重要的内在力量。

通过本书，你会发现微笑和大笑的练习、正念练习以及积极日记都可以创造"大笑思维模式"。你也会认识友善的"血清素姐姐"，即乐观版的"知心姐姐"，她会针对常见的困境提供令人振奋和启发性的解决方案。书中会为你留出思考的空间，帮助你找到自己有趣的一面。在翻过每一页或进入新的篇章之前，请停下来想一想。这有助于丰富你的阅读体验，并让积极情绪或愉悦感涌上心头。

本书讲述的是对自己的投资，即无论将来遭遇什么，你都可以借助笑声效应，心平气和地加以应对。随着时间的推移，你会发现自己的笑容变多了，你愿意全心全意地投入生活。你的心理复原力也将得到提升，即使陷入逆境，你也可以用幽默、轻松和优雅的方式振作起来。

最后，如果你觉得需要得到许可才能激活自己的笑声效应，那么你可以将此视为批准。是时候去铸造生活中的光明一面了，让它点亮你内心的光芒。

愿爱和笑与你同在。

罗斯

第**1**章

笑的历史

神用笑脸帮助我们。

——《旧约·诗篇》42：5

生活离不开笑、幽默和欢乐，它们支撑芸芸众生度过瘟疫、气候变化引发的洪水以及独裁者那桀骜不驯的自我所招致的灾难。因此，让我们首先破除一些误解，不要将幽默和大笑的治疗价值等同于嬉皮士、致幻剂或新世纪运动（New Age），除非你对亚当和夏娃也抱有同样的误解。

笑声效应不仅在宗教传统中至关重要，它也是许多古代文明和原住民文化的重要特征。对于澳大利亚原住民和托雷斯海峡（Torres Strait）的岛民来说，幽默和欢笑是不可或缺的，它被融入梦创故事（dreaming），其历史至少可以追溯到65000年前。新南威尔士州北部和昆士兰州南部的卡米拉罗依人（Kamilarois）说，金星出现在低空时，偶尔会闪烁。他们认为这是一位老人讲了一个粗俗的笑话，而后大笑不止。20世纪的原住民活动家兼诗人凯丝·沃克（Kath Walker），曾这样阐述原住民的欢笑与乡村的联系："我们就是造梦时代的传奇，传说中的部落故事……我们就是过去，捕猎和开怀的游戏……"

澳大利亚原住民文化中，许多活动都能带来欢笑，从游泳比赛到足球。此外还有搞笑的对话，一边讲"胡话"（gibberish），一边挠痒痒和嬉笑打闹。仪式小丑会帮助人们解决宿怨，维持社会秩序。他们常常被画成动物的样子，并在舞蹈和表演中注入寓意深刻的信息。当两方发生争执时，这样一个滑稽搞笑的小丑为平息事端发挥着重要的作用。他会假装用长矛刺穿罪犯，让部落的其他人捧腹大笑。欢笑阻止了愤怒的双方做出过激行为或制造进一步的麻烦。[1] 只有极少数仪式场合不适合欢笑和玩笑。但可悲的是，自殖民统治以来，绝大多数的传统原住民游戏都已失传。

笑是世界各地众多原住民社会结构中不可或缺的一部分。几乎每个美洲原住民部落的故事中都会出现"骗徒"（trickster）。这些骗徒会讲述故事，规定部落行为中哪些可以接受，哪些不可接受。实际上他们可能是小丑，却被认为拥有超自然的力量。在仪式中，骗徒利用人们对幽默能够带来变化并治愈疾病的信念，给他们带来精神上的慰藉。[2] 他们运用了笑声效应，经常用笨拙的表演来引发笑声。

除了骗徒，几乎每个部落都有一两个私人小丑。小丑与药师一起工作，在部落的等级排序中位列第三。苏族（Sioux）亨克帕帕部落（Hunkpapa，意为"徘徊者"）既有"快乐"小丑，也有"悲伤"小丑，他们在神圣仪式中跳舞，以提升部落成员的情绪健康程度。"悲伤"小丑有助于减少抑郁，"快乐"小丑则为人们增添快乐。人们认为，这样的双重小丑能够维护一个社区的精神平衡。小丑被赋予情感表达的自由，这是许多其他社区成员所没有的。他们是最高级别的社会批评家，他们的模仿和玩笑揭露了虚伪和傲慢，制止了不当的行为，有助于维持健康的社会动态。

据一位被称为"奶奶"的美洲原住民说：

> 在入侵者到来以前……我们有小丑。不是你现在看到的那种小丑，顶着圆圆的红鼻子，穿着宽松的衣服。我们的小丑会身穿各种各样的东西。想穿什么就穿什么。我们的小丑不只是偶尔跳出来装傻，逗人发笑，他们一直与我们在一起，对于村子来说，他们是与首长、萨满、舞者或诗人一样重要的人物。[3]

与澳大利亚原住民文化一样，在加拿大因纽特人的许多游戏中，能够穿越北极的笑声也是最重要的破冰工具。在漫长而寒冷的冬季，他们依靠这些让人开怀大笑的游戏来振奋精神。其中最受欢迎的一个游戏是"动物穆克"（animal muk），参与者围成一个圆圈，一个人站在中间，模仿动物的声音或动作来逗外圈的人发笑。如果外圈中有人笑了或中断了眼神交流，他就要站到圆圈中间，努力逗其他人发笑。[4]在大多数游戏中，取乐与取胜同样重要。

人可以有意地激发大笑，这也证明人有控制情绪和保持镇静的能力。笑声也是因纽特人喉音唱法（katajjaq）的一个主要特征，这种唱法需要两名女性在没有乐器伴奏的情况下近距离面对面地一唱一和。笑声与歌声交织在一起——这是一种令人舒适的自然表达，也是对伙伴表演的赞赏。因纽特文化认为，笑是社会的黏合剂。一句古老的因纽特谚语说："懂得游戏的人可以轻松跨越生活中的逆境。能歌能笑的人永远不会作恶。"[5]

☺ 笑的传统

你们是否有代代相传的有关笑的传统？

在犹太人每年的逾越节晚宴上，人们总会在餐后演唱歌谣《一只小羊》（Chad Gadya）。无论什么时间，这都是制造笑声的好办法，因为每个人会被随机分配一个角色声音。歌谣每一节有一个角色——羊、猫、狗、木棍、火、水、牛、死神和主，它讲述了犹太民族跌宕起伏的历史。这首歌总会让我想起在朋友家度过的一个特别的逾越节。因为模仿猫的声音过于逼真（我以为那就是猫发出的声音），结果他们家的狗冲上桌子去追"猫"。你大概可以想象此后的餐桌变成了什么模样，简直一片狼藉！

现在我们将目光从雪屋转向金字塔。在古埃及，宫廷里也有小丑供法老和王后取乐。这里也被认为是世界上最古老的笑话的诞生地。[6]公元前1900年的苏美尔人有一则关于放屁的笑话——我没开玩笑，它被记录在莎草纸上流传至今，"有一件事自远古就不会发生：少妇不会坐在丈夫腿上放屁"。

我也想讲一个笑话：

> 当克利奥帕特拉（Cleopatra）得知自己是"埃及艳后"时，她会做何反应？她会坚决不承认（denial）。（de-Nile，你看懂了吗？）[①]

古代东方文明也会运用笑声效应。在中国、朝鲜和日本，都有专门针对弄臣、杂技演员、杂耍演员和艺人的词语。在中国，有关笑的仪式的记录可以追溯到商朝。"滑稽"一词由"滑"（不稳定的）和"稽"（不规则的动作）二字组成，指表演者穿着红黑两色不对称且相间的衣服，通过各种疯狂的举动愉

---

① 克利奥帕特拉即克利奥帕特拉七世，是古埃及托勒密王朝的最后一任法老，后世称其为"埃及艳后"。作者在这里运用了一个语音双关，denial（否认）与此处的de-Nile（尼罗河）发音相近，既指克利奥帕特拉否认自己是"埃及艳后"，也指她生活在孕育了古埃及文明的尼罗河畔，且有考古学家推测她的墓葬可能在尼罗河沿岸地区。——译者注

悦他人，从而达到振奋人心和娱乐的效果。人们非常重视这些表演者，他们充当着人间皇帝和天上神明之间的中介，希望为刚刚去世的人打点好关系。

在朝鲜，狡猾的老虎被视为民间传说中的重要角色，在节庆中也很常见，它们的小把戏总是适得其反，造成严重的破坏，从而引人发笑。如果你认为饮酒游戏是现代派对才有的活动，那就大错特错了。朝鲜半岛有一种古老的饮酒游戏用具 juryeonggu（一种 14 面骰子）。20 世纪 70 年代的一次考古挖掘中发现了一个 14 面骰子，其历史可追溯到公元 7 世纪左右。编号 4 的那一面刻着"饮尽大笑"，即喝一大杯酒然后放声大笑，这让我们对祖先的精神娱乐方式有了全新的认识。

现在我们再将目光转向一个为我们带来卡拉 OK、任天堂、动漫和寿司等流行元素的国家——日本。和歌山县日高川町有一个保留至今的节日，名为"笑祭"（Warai Matsuri）。在庆典中，一个被称作"摇铃人"（Suzu-furi）的小丑会手持铃铛逗人发笑，同时喊道："笑！笑！"人们相信笑能驱赶邪灵。

让我们离开古代东方，前往古希腊。在约 2800 年前，诗人荷马（Homer）[不是《辛普森一家》（The Simpsons）里的那个荷马] 在史诗《伊利亚特》（Iliad）和《奥德赛》（Odyssey）中写道，据说奥林匹斯山上回荡着众神的笑声，表达"他们每日盛宴后的喜悦之情"。在《奥德赛》中，奥德修斯（Odysseus）告诉独眼巨人，他的名字叫"无人"。当奥德修斯指示同伴攻击独眼巨人时，独眼巨人喊道："救命，无人在攻击我！"于是没有人前来帮忙。这与阿博特（Abbott）和科斯特洛（Costello）的喜剧段子《谁是一垒》（*Who's on First*）① 的主线情节如出一辙。

古希腊医生经常让病人去看喜剧表演，作为治疗的一部分。你能想象今天的医生提出这样的建议吗？古希腊人甚至还有"大笑的哲学家"德谟克利特（Democritus），他以嘲笑人类的愚蠢而闻名。德谟克利特不仅是原子唯物论学说的创始人之一，也一直在探索什么使人快乐，他宣布幸福和快乐是每个人最崇高的目标。很难找到比德谟克利特更加快乐且双目有神的人了。你是不是好奇他的长相？不妨搜索一下他的画像。不过，他这开朗的性情在他的家乡阿布德拉（Abdera）引起了一些人的反感。这种反感愈演愈烈，以至于居民们请来了伟大的希波克拉底医生（Hippocrates）——他写下了著名的《希波克拉底誓言》——来评估德谟克利特频繁大笑是不是有病，他是不是疯了。这种状态肯定是很不正常的吧？

① 《谁是一垒》是美国喜剧演员巴德·阿博特（Bud Abbott）和路·科斯特洛（Lou Costello）联袂出演的经典喜剧段子，讲述的是棒球队经理（阿博特）和朋友（科斯特洛）围绕球队队员展开的对话。阿博特指出，每个球员都有一个有趣的绰号，然后他用球员的绰号来回答科斯特洛对球员位置的提问："谁"在一垒，"什么"在二垒，"我不知道"在三垒。——译者注

接下来我们来到古罗马，看一看律师、政治家和作家西塞罗（Cicero），他因机智流芳百世。罗马人对他的评价是"过于幽默"。事实上，西塞罗被归类为"大笑成瘾者"。他认为幽默是社交能力的一个重要特征，可以增强人际关系，加强社区规范并提升一个人的公众形象。你可能会想，罗马人为我们做过哪些贡献？好吧，除了高架渠、灌溉、污水处理、教育、道路、医学和葡萄酒，罗马人还贡献了世界上第一本有记载的笑话书——《爱笑者》（Philogelos），这本满是插科打诨的册子可以追溯到公元 4 世纪或 5 世纪。一些段子仍然被今天的喜剧演员续写和重演。其中一段讲的是希律·阿基劳斯（Herod Archelaus）[①]的一个著名回答，妙趣横生。宫廷理发师是个尽人皆知的话匣子，他问道："我要怎么修剪您的头发？"亚基老回答说："安静地剪。"

几百年后，罗马皇帝虽已去世，但笑声仍在。颇具讽刺意味的是，正是中世纪的僧侣们负责将大约 260 段笑话抄录整合成《爱笑者》。

罗马人酷爱"绞刑架上的幽默"（gallows humour），会因时事问题（比如将人钉死在十字架上）而大笑。另一个来自罗马

---

① 希律·阿基劳斯是罗马时期犹太国王大希律王之子，父亲死后成为犹太王国大部分地区的统治者，管辖犹太、撒玛利亚、以土买等地。——译者注

时代的有关笑的传说是愚人节（April Fool's Day），它可以追溯到古代的欢乐节（Hilaria）。这证实了我的一个猜想：如果存在一个掌管幽默的上帝，他/她肯定会被称为"希拉里奥斯"（Hilarios）。看来，罗马人总能看到生活中光明的一面。

在 13 世纪，受亚里士多德的启发，圣托马斯·阿奎那（Saint Thomas Aquinas）颁布大笑许可令，允许基督徒在某些精神状态下笑。笑之所以得到许可，是因为它是一种明显的人类行为，并不像许多批评者认为的那样具有兽性和动物特征。他们那时尚不知道，几个世纪后将会有一个革命性的发现，证实各种生物都会笑，包括老鼠。

就连王室成员也喜欢笑。理查德·塔尔顿（Richard Tarleton）是一个宫廷小丑，据说对伊丽莎白一世的健康而言，他的作用比医生还大。每当女王心情不好时，小丑就会逗她开心，这比任何医生的治疗手段都奏效。[7] 此外，玛丽王后在年轻时就将笑作为一种治疗方法。她的母亲阿拉贡的凯瑟琳（Katherine of Aragon）饱受病痛的折磨，她在一封信中透露："一丝丝安慰和欢笑无疑会给她带来一半的健康。我也曾有同样的患病经历，我的经验证明了这一点，我知道欢笑能带来多大的好处。"[8] 简·福尔（Jane Fool）是玛丽王后的贴身女伴，陪伴了她至少 20 年，她对王后的身体健康发挥了重要的作用，以至于她得到了一件胜过宫中贵妇的华服作为礼物。

虽然不具备我们现有的科学知识，但逗乐小丑们无意中提供了一剂多巴胺、催产素、血清素和内啡肽的混合物。对于逗乐小丑来说，那是一个欢乐的时代，他们经常在莎士比亚的戏剧中担任主角。最著名的是《李尔王》（*King Lear*）中的傻瓜，他代表国王内心的良知。在剧中，这个傻瓜被描述为"一个满肚子笑话、充满想象力的人"。莎士比亚笔下的傻瓜通常聪明睿智，被视为吟游诗人的传声筒，能够揭示相关问题。《欢乐百题》（*A Hundred Merry Tales*），也被称为《莎士比亚的笑话书》（*Shakespeare's Jestbook*），首次印刷于 1526 年，是已知最早的英语笑话书。书中充斥着粗俗又诙谐的故事，有鲁莽虚伪的牧师、粗俗的女人和愚昧的威尔士人，据说伊丽莎白一世临终前曾读到此书。但愿她是带着微笑离世的。

英国工业革命之前，康沃尔（Cornish）的化学家汉弗里·戴维（Humphry Davy）和他的老板——英国医生托马斯·贝多斯（Thomas Beddoes）聚在客厅里。他们在思考哪种气体可能对肺部健康有重要意义。他们以为这种气体是一氧化二氮。戴维的实验室并非无菌环境，人人都能去。诗人、剧作家、医生和科学家聚在一起，参加他那著名的一氧化二氮聚会。是的，你没看错。宾客们可以通过一个绿色丝绸袋吸入一氧化二氮（又称"笑气"）。这些科学实验成为一氧化二氮对大脑影响的早期研究的一部分，带来了 19 世纪最重要的医学进步之一：麻醉。宾客们描述了自己的状态：狂喜，不由自主地大笑。他们口中大喊："再来一点，再来一点，我从未有过如此快乐的体验。"（其他人）在楼梯上跑上跑下，围着房子跑来跑去，满嘴胡话，事后他们将这些话忘得一干二净。

这些情况下会诱发笑声效应，但是请放心，在接下来的章节中，我将与你分享一些工具，不需要吸入大量的一氧化二氮，也可以轻松自然地通过大笑获益。

在 19 世纪，英国博物学家查尔斯·达尔文（Charles Darwin）曾投入大量时间来研究笑的影响，然而他在微笑和大笑的进化方面的研究并不出名，这实在令人吃惊。达尔文希望能对动态的笑进行可视化呈现。但瞬时摄影技术要在几十年后才出现，而且捕捉动作需要长时间的曝光，这会导致照片模糊不清。于是他求助于同时代的其他学者，包括法国神经学家纪尧姆·杜彻尼（Guillaume Duchenne），此人整理了大量微笑人脸的照片（稍后我会详细介绍他采用的令人震惊的方法）。杜彻尼养了一只猴子当宠物，并告诉好友达尔文，他经常看到猴子微笑。达尔文借用宠物猴子设计了一项非正式计划，从而完成了实证实验，并欣喜地注意到猴子的大笑与微笑。

如果给小黑猩猩挠痒痒——和我们的孩子一样，小黑猩猩的腋下也对挠痒十分敏感，它会发出清晰的咯咯声或笑声。有时候的笑是无声的，这时黑猩猩的嘴角会向后翘起，有时会导致下眼睑微微皱起……黑猩猩发出笑声时，上颚的牙齿并没有露出，这一点与我们不同。但它们的眼睛会闪闪发光，变得更加明亮。

达尔文的发现不同于亚里士多德的观点，后者认为人类是唯一会笑的生物。达尔文痴迷于人类的笑，他一丝不苟地观察笑对于身心的内在影响：

> 在过度大笑时，人的整个身体往往会向后仰并颤抖，或者几近抽搐。呼吸会受到极大地干扰，头部和面部充血，静脉扩张。此外，眼轮匝肌痉挛性收缩，以保护眼睛。眼泪会不由自主地流出来……因此……几乎不可能分辨一个人在大笑之后和痛哭之后的满脸泪痕有什么不同。[9]

达尔文记录了我们现在所谓的笑声效应，之后他又给黑猩猩喂鼻烟（精细研磨的烟草），使它们打喷嚏，对黑猩猩做鬼脸，还看到狒狒被一条毛绒玩具蛇吓得连连后退。他注意到猿类在笑的时候不会流眼泪，得出结论：笑出眼泪是人类独有的特征。他观察到，失明与失聪的人即使看不到别人笑或者听不到笑声，他们依然会笑，这证明笑是一种与生俱来的行为。达尔文还指出，人们会用各种无目的的动作来表达强烈的喜悦，比如跳舞、拍手、跺脚和放声大笑。难怪这么多组织都试图抑制笑声。

达尔文的研究成果表明，笑与我们从灵长类到高级物种的进化存在内在联系。因此，作为进化链中的最新一环，让我们开怀大笑吧——这是基因使然。

20世纪三四十年代，在脊髓灰质炎疫情最严重的时期，美国的一些医院聘请了魔术师、马戏团小丑和歌手，为那些被绑在铁肺上超过两周的孩子表演节目。虽然他们的身体无法动弹，但肺部和面部肌肉能够通过大笑得到一点锻炼，让他们从凄凉的现实中收获小小的安慰。

❓ 笑学家的工作是什么？

a. 开发特色意大利冰激凌

b. 制作摇摇晃晃的甜点

c. 研究幽默和笑

我想大多数人都能猜到，答案是 c，即研究幽默和笑。"笑学家"（gelotologist）一词来自希腊语的词根 gelos，意为"发笑"。

20世纪60年代，即所谓的"摇摆的60年代"，我们看到伊迪丝·特拉格（Edith Trager）博士于1964年3月正式创立了有关笑的科学，并将其命名为"笑学"（gelotology）。后来，斯坦福大学的心理学教授威廉·弗莱（William Fry）博士接过了笑

学研究的接力棒。弗莱被称为"笑学之父"，在 20 世纪 70 年代，他发表了几项具有里程碑意义的笑的生理学研究。有人把笑等同于"室内慢跑"，他们发现，大笑一分钟相当于在划船机上运动 10 分钟。因此，如果你想减肥，那就笑吧，我们将在第 3 章进一步讨论这一点。

有些人无法大笑 10 分钟，也做不了摇摆的动作，比如诺曼·卡曾斯（Norman Cousins）博士。1964 年，他躺在医院里，因强直性脊柱炎（一种影响脊柱的关节炎）而无法动弹。在病情最严重的时候，卡曾斯几乎连下巴都动不了。他拒绝接受医生的死亡判决，决意自己进行治疗。他阅读了一些书籍，从中了解到沮丧、压抑和愤怒等负面情绪与肾上腺衰竭的关系，这给他带来了灵感。他认为这种关系反过来也成立——爱、希望和信心等积极情绪对健康有益。他还研究了脑化学，直觉告诉他，大笑疗法会有一定的帮助。

带着主治医生的祝福，卡曾斯出院了。他住进一家酒店，并聘请了一名护士。他一边补充大量维生素 C，一边看各种各样的喜剧，比如 E. B. 怀特（E. B. White）①的《美国幽默资料库》（*A Subtreasury of American Humor*）、《快拍相机》（*Candid Camera*），"马克斯兄弟"（Marx Brothers）以及劳莱和哈台

---

① E. B. 怀特（1899—1985 年），美国当代著名散文家、评论家，文风冷峻清丽，辛辣幽默。——译者注

（Laurel and Hardy）^①的电影。后来卡曾斯写道："我高兴地发现，10 分钟的捧腹大笑具有麻醉作用，可以让我有至少两个小时的安稳睡眠。"令主治医生和医疗机构感到惊讶的是，卡曾斯奇迹般地康复了。在接下来 20 年左右的时间里，他在加利福尼亚大学洛杉矶分校（UCLA）讲授幽默和笑在疾病治疗中的价值，并通过对癌症患者的研究发现，患者的幸福感对免疫系统的功能和抗癌 T 细胞的生成有积极影响。根据亲身经历，卡曾斯撰写了一部开创性的著作《笑到病除》（Anatomy of an Illness），为当今蓬勃发展的关于笑与幽默的研究奠定了基础。

2021 年，世界著名的"医疗小丑之父"亨特·多尔蒂·帕奇·亚当斯（Hunter Doherty 'Patch' Adams）获得诺贝尔和平奖的提名。他做了其他医生从未做过的事。他的故事被改编成电影《心灵点滴》（Patch Adams），由传奇喜剧演员罗宾·威廉姆斯（Robin Williams）主演，于 1998 年上映。电影改编自帕奇医生从身患精神疾病到康复的历程，他从这段经历中得出了"病人也是医生"的结论。他将小丑从马戏团带进医院病房，这种古怪的治疗方法与医疗机构发生了冲突。1971 年，他将笑作为自己的事业，在西弗吉尼亚州建立了一个医疗健康服务中心，名为 Gesundheit!（意为"祝你健康！"）。他用爱和欢笑改变了

----

① 前者为美国喜剧团体，后者为美国喜剧二人组合，他们都是喜剧电影史上的重要人物。——译者注

成千上万人的生活，提升了治疗效果与患者的幸福感。他是一个先驱者，在1984年资金链断裂时，他也没有放弃。

帕奇医生组建了一支团队（GO! CLOWNS），在全球推广医疗小丑。他穿上五颜六色的服装，带着同情心和一身的泡泡，从1985年的苏联开始，利用"红鼻子策略"，将笑声效应带进医院、孤儿院、养老院和街头。他与医疗小丑团队一起在最贫困的地区建立诊所，提供人道主义救助和医疗服务，并在70多个国家进行表演。对于大约90%的普通人来说，这是件好事。不过对剩下的少数患有"小丑恐惧症"的人来说，效果就没那么好了。

> ### ⁇ 什么是小丑恐惧症？
>
> a. 极不喜欢花椰菜
>
> b. 害怕小丑
>
> c. 害怕被关在封闭空间里
>
> 如果你选择b，那么恭喜你，答对了。小丑恐惧症就是指害怕小丑。

小丑恐惧症（coulrophobia）一词源于古希腊词语coulro，意思是"踩高跷的人"。小丑恐惧症的症状表现为看到小丑以后出汗、恶心、心生恐惧、心跳加快、哭泣、尖叫或愤怒。

现在我们要摒除大笑疗法中的喜剧元素，不要那些特大号鞋子和各种各样的滑稽剧，然后了解一下最近出现的大笑瑜伽。这是当今非常重要的一种大笑练习，它不以幽默为基础，推翻了微笑或大笑需要由外部刺激，或依赖幽默情境的假设。相反，它的重点是以笑促进身心健康，笑首先从身体开始，然后影响心理，进而改变生化状态。后文会进一步探讨笑对身心灵的积极影响。

1995 年，马丹·卡塔利亚（Madan Kataria）博士（也被称为"K 博士"）在印度推广大笑瑜伽。大笑瑜伽深受东方哲学的影响，结合了调息、鼓掌、唱诵"呵呵哈哈"和假装大笑的练习。你不需要前往印度去练习大笑，大笑瑜伽已成为一项蓬勃发展的全球运动，有数以万计的专业俱乐部和在线课程。如果你的生活充满压力，或者当你遇到无论如何也笑不出来的现实情况，比如生病或其他具有挑战性的情况，大笑瑜伽是一剂理想的解药。

从圣经时代到现在，从充满神秘主义的东方文化到西方文明，笑的影响始终深远而广泛。这并非意味着我们一路上没有遇到任何令人扫兴的事情。事实上，与生俱来的笑的能力战胜了一切，维持了个人与文化的强大和韧性。如果没有笑声效应，世界将变成另一番模样。或者正如我所认为的那样，笑是人间天堂的终极体现。

第2章

笑着成长：笑声如何塑造我们的人生旅程

笑口常开的人会更长寿。

——玛丽·佩蒂伯恩·普尔（Mary Pettibone Poole）

在人生的最初阶段，我们就可以观察到笑声效应的存在，包括简单的微笑。在叫出"爸爸"或"妈妈"之前，我们就会发出"哈哈"声。无论你的背景、年龄或生活环境如何，我们都用同一种语言微笑或大笑。一个微笑或者共同的大笑能够满足进化过程中的生存需要。这是每个人被赋予的重要的内在力量。微笑是爱的视觉呈现，它能增进我们与照顾者的感情，增加我们获得及时关注的机会，从而提高我们的生存概率。因此，将笑与幽默视为人类进化的基础，也不足为奇。

孩子与主要照顾者通过微笑或大笑进行积极的互动，能够提高他的安全感，强化被爱的感觉。这为生活中的情绪管理奠定了基础。这种大笑或微笑的"脚手架"越牢固越有益，否则一些不幸的经历可能会使它像积木一样倒塌。这会导致一个人丧失自信，无法在不在意他人评价的情况下自由自在地大笑，并且会无意识地压抑笑。如果一个家庭充斥着愤怒、冷漠或分离，那么这个家庭里的孩子往往很少有机会"胡闹"、玩耍和大笑。笑声效应有助于在家庭中营造更加平静、有爱的氛围，并且提高孩子在日后建立正常关系的概率。

　　我非常感激笑在我的生活中所发挥的重要作用，无论是对我年幼时对他人的情感依附，还是对我与自己的孩子的情感依附。当我的第二个儿子出生时，我比任何时候都更加清楚地意识到了这一点，他的肺非常健康，足以吹小号了（他后来的确学了小号）。与他在医院独处的第一个晚上，我崇拜地凝视着这个小奇迹，思索着该给他起什么名字。他包裹在完好无损的羊膜囊里，降临到这个世界，这带给我的震撼仍未平息。当他微笑时（我不确定这是不是风引起的），我决定了。我给这个孩子取名扎克（Zak），是以撒（Yitzchak）的缩写——意思是"笑"。这是一个有远见的选择：如果不是看到他的笑容，我会在 8 个月煎熬的压力下崩溃。

　　每当他露出甜美的微笑，或者发出小小的笑声——咝，不得安睡的夜晚、没完没了的尿布和肆意的哭闹便都被抛到了脑后，我又回到了爱的魔咒下，听从他的召唤。事情就是这样——真是个聪明的小生命。看到扎克的灿烂笑容，我的多巴胺、催产素、血清素和内啡肽全都活跃起来了。

　　从行为上看，婴儿先微笑，然后是第一次大笑——这是一个令人欣慰和愉悦的信号，表明小家伙非常健康、快乐，一切都好。这是一个令人愉悦的反馈循环，它能增强父母与宝宝的联系和感情，这一刻值得被记录在育儿日志中，留作纪念〔现在这一代的父母可能会选择记录在推特、照片墙或抖音上，或者在所有社交媒体上全部发一遍。但是，这些都比不上美洲原住民印第安纳瓦霍人（Navajo，也被称为 Diné）的"首笑礼"（A'wee Chi'deedloh）]。对纳瓦霍人来说，婴儿的第一次大笑标志着他超越自己的精神存在，表明他已准备好加入家庭和社区生活，准备好与大家相亲相爱。在婴儿大约三个月大的时候，照顾者和其他家庭成员开始相互竞争，通过挠痒痒、躲猫猫、拨弄身体和扮鬼脸的方式，试图逗婴儿发出第一次神圣的笑声。获胜者可以主持"首笑礼"，庆祝婴儿成功过渡到这个世界。为了表示对新生儿家庭的尊重以及对精神世界的敬意，婴儿被视为仪式的主人，每位宾客都会收到一盘食物、岩盐（象征因失去亲人或悲伤而流下的眼泪，也代表人与大地的联系）和一包礼物。它表达了人们的一种心愿，即这个孩子的一生都有家人和朋友相伴。

笑如同一种社交"野兽"——总是渴望有人陪伴。一项针对学龄前儿童的研究发现，平均而言，在有其他人陪伴的情况下，每个孩子看动画片时的大笑次数是独处时的 8 倍，微笑的次数差不多是独处时的 3 倍。[2] 笑起到了社交纽带的作用，可以增强成人和儿童之间的感情，鼓励他们充分投入对彼此的陪伴中，除非照顾者分心，被无生命的屏幕而不是婴儿的可爱脸庞所吸引。孩子很快就会将大人的忽视视为不感兴趣。一项研究发现，如果婴儿的情绪状态超过 3 秒未得到关注，他们的表情就会切换到"暂停"状态。[3] 仅仅 3 秒！但从婴儿的角度来看，这就是一生的时间。短信、电子邮件、Snapchat（一款"阅后即焚"的照片分享软件）等各种各样的事物都在劫持我们的注意力。我们的年轻人该何去何从？在数字时代，我们能否承担多任务化的育儿工作？对于婴儿或幼儿的社交发展来说，目光交流和全神贯注至关重要。但在游乐场里，这样的景象却屡见不鲜：孩子在游乐设施上玩耍，附近的父母或照顾者则忙着玩手机。我们不可能时时刻刻给予孩子百分百的关注，但需要警惕的是，在"一只小猫和小狗，两只小猫和小狗，三只小猫和小狗"的数数中，我们可能会失去宝贵的联结时刻。

形成"笑声印记"

孩子通过模仿他人的行为来学习，也通过这种方式形成笑的风格。每个人不仅有独特的声音和说话风格，也有自己的"笑声印记"（laugh-print）。它与我们自身一样，由环境塑造。在喧闹的家庭中，大笑可能是吸引注意力的必要条件，在一个相对安静的家庭里，很小的笑声也可以获得所需的关注。多年来，许多人与我分享了他们家庭的笑声印记。其中非常有趣的一个故事是，一位女士嫁进一个家庭，家中兄弟三人和父亲的笑声一样——类似于动画片《珍贵的普普》（*Precious Pupp*）中癞皮狗的笑声，穆特利（Muttley）[①]那有名的喘息的笑声就源于此。另一位女士告诉我，她惊讶地发现自己的女儿与自己祖父的笑声几乎一样，而他们两人只见过几次。

无论在哪种文化下，人们都会狂笑、轻声笑、哈哈大笑、又笑又叫、窃笑、嗤笑、爆笑和嘎嘎地笑（为什么我这辈子都没领略到这个词的精华？）。我们的文化背景塑造了我们的笑声印记。许多亚洲文化都有一种内敛的笑声印记。社交礼仪规定，特别是对于女性而言，笑的时候应当以手掩口，笑的幅度不宜过大，露齿笑是"不雅的行为"。在一些亚洲国家，女性常常将牙齿染成黑色（称为 ohaguro），这既被视为身份的象征，也是预防蛀牙的一种方法。虽然这种做法已经基本过时，但也许从一定程度上来看，它有助于逐步消除露齿笑。儒家思想提出，非礼勿视，非礼勿听，非礼勿言，非礼勿动，这对韩国礼仪产生了深远的影响。许多韩国女性在大笑或微笑时会捂住嘴，甚至现在仍有许多韩国女性会避免与他人对视。

刚果民主共和国伊图里森林里的姆布提人（Mbuti）则正好相反。他们的笑声印记极具表现力。英裔美国人类学家和作家科林·特恩布尔（Colin Turnbull）是已知的唯一见过姆布提人之笑的人。他看到姆布提人躺在地上，双腿在空中踢来踢去，气

---

① 穆特利是汉纳巴伯拉动画公司于 1968 年创作的一只卡通狗。——译者注

喘吁吁，身体不停地颤抖，欢快之情溢于言表。虽然看起来有些夸张，但对于这些原住民来说，这是他们的常态。

我们在一生中会接触到各种各样的笑，但我们都有自己的标志性笑声。我是一个爱笑的人，从"爱笑的格蒂"（Giggling Gertie）[1]的学生时代开始就一直如此。有时我会因某些场景发笑——尴尬的、沉默的、挑逗的、刺耳的、轻松的、焦虑的，甚至只有声音的，不一而足。另外还有人会在笑的时候喷鼻息，然后又因为喷鼻息而大笑。这种行为有一个英文名：snaughling。我喜欢这样笑的人！

不由自主地笑

从很大程度上来说，笑是一种不受意识控制的行为，因此在大多数情况下，我们可能会认为，笑并不复杂，它是一种理所当然的行为。我本人也有过同样的误解。肠切除手术以后，有好几个星期我都笑不出来，我非常想回到充满欢笑的轻松时光——我渴望它的回归。尽管已经做了多年的大笑瑜伽导师，但我在暂时失去了欢笑的喜悦后，才更加深刻地理解了这种"简单"的情感源泉。

---

[1] Giggling Gertie 来自一首同名歌曲，此处指聚在一起为各种事情咯咯笑的年轻女孩。——译者注

笑是我们身体所能处理的非常复杂的事情之一。因此，在大脑尚未完全发育成熟的婴儿时期，以及在许多认知功能已经衰退的人生落幕之际，笑显得更加珍贵。从很大程度上来说，这是一个非自愿的神经过程，由大脑根据其所见所闻来做决定，无论你是否处在笑的情绪中。这个过程不需要思考，可能会造成一些尴尬。比如在一个工作日，你正在吃午餐，有人说了一些不合时宜或令人捧腹的话。在你的理智发挥作用之前，笑就已经从你的嘴里甚至鼻孔里爆发出来。这要怪你的海马体，而不是同事。海马体是人类大脑中参与笑的产生与幽默评估的五个区域之一，是决定情绪反应的关键参与者之一。另一个非常重要的部分是大脑额叶和边缘系统，由海马体、杏仁核、丘脑和下丘脑组成。额叶分为左右两个半球。左半球负责判断哪些声音、图像或经历是有趣的。富有创造力的右半球则负责判断一个情境或笑话是否有趣。

边缘系统是从古老的原始大脑保留至今的遗产，负责恐惧、愤怒和快乐等基本情绪。它涉及人类生存所必需的身体反应，包括进食、战斗、逃跑以及说与生殖有关的脏话。边缘系统通过额叶获取线索，评估应该笑还是不笑——这就像莎士比亚所说的"生存还是死亡"的选择。要么向生理过程发送笑的信号，要么发送不笑的信号。笑得越多，边缘系统得到的锻炼就越多。

我笑由我不由天

进入成熟阶段（也就是成年期）以后，我们更加需要将笑或不笑的选择权掌握在自己手中。如果检索一下"儿童与成年人每天分别笑多少次"，你会看到一些统计结果显示，儿童每天笑 300~400 次，而成年人只有 10~12 次。我还没有找到支持这一结论的证据，但在我找到的少数几项关于儿童和成人的笑的频率研究中，两个群体的差距也十分大。

我会向很多观众提一个问题：你平均一天笑多少次？我指的是放声大笑的时刻，而不是轻轻地"哈"一声或在心里发笑。结果我发现，大多数观众很少注意自己笑的频率。

衡量你的大笑频率

你一天平均大笑几次？

工作日和周末的大笑频率是否有区别？

什么样的情况能让你整天笑声不断？

我发现有两个群体每天大笑的次数能够达到甚至超过 10~12 次：一个是从事学龄前儿童教育的幼儿园教师，另一个是养老院的护理人员。笑是他们日常工作中不可或缺的一部分。有儿童的环境通常很容易制造笑声，孩子们可以在教室地板上膝对膝地坐着，或者共用一张课桌或将课桌紧靠在一起，从而进行大量的目光交流和亲密接触。

为什么孩子普遍比成年人笑得多呢？多年来，人们已经阐述了数百个原因：孩子没有抵押贷款，不需要承担责任和巨大的压力；孩子的自我意识较弱，初识万物，活在当下，无拘无束；成年人必须工作，或者对自己过于严格。

大多数原因都有道理，但认为孩子没有压力是一种误解。他们可能没有成人的压力，但他们有孩子的压力：有人抢走了他们的午餐；恶霸欺负他们；也许父母或照顾者很少在家，因此他们失去了很多培养亲情以及共同阅读、游戏或洗澡的时间；也许他们生活的环境充斥着争吵，没有足够的爱。人生的每个阶段都会有压力。

儿童尚未形成对笑的批判性分析，那是成年人才有的能力。随着调节能力的增强，脆弱感也随之增强：当我们放松或犯傻时，会有一种赤身裸体暴露在外的感觉。因此，我们会因为害怕别人的看法而改变自己的想法和行为，不会像无人在场或无人评判时那样行事。

孩子的笑是发自内心的。他们不假思索，随心所欲。而成人的笑则经过大脑中的智力建构。虽然笑是一种下意识的、与生俱来的行为，但随着时间的推移，加上外部环境中相关社会习俗的影响，意识会凌驾于笑的自由本质之上。我们想笑而不笑。我们会权衡贸然发笑的利弊。现在笑合适吗？人们会怎么看我？我觉得他们是在嘲笑我，而不是和我一起笑。我现在的工作很严肃，如果动不动就笑，会受到老板的轻视。就这样，随着时间的推移，我们的笑声越来越小，笑得越来越少。然后有一天，当我们碰到一个搞笑的场景时，你猜怎么着？我们会笑吗？不，我们已经掉进了严肃的"兔子洞"①深处，因此发不出笑声，只会大喊："太有趣了！"或者，即使发生了非常有趣的事情，我们也只会说一句："真的很有趣！"在成长过程中，我们被偷走的不只有午餐，还有自由表达快乐的能力。

多年来，我组织了数百个大笑活动。在活动中，我不仅会询问参与者平均每天笑多少次，还会问他们为什么笑，以及笑给他们带来什么感觉。无论参与者的职业、年龄、健康与否，他们的答案中总会出现几个相同的主题。人们给出各种各样的理由，例如大笑让人感觉良好；大笑让人感到有趣、放松并能缓解压力；大笑让人感觉充满活力、生机勃勃；大笑让他们心情愉快；大笑让他们想起童年，从现实世界的烦恼中抽离；大笑帮助他们忘却问题；大笑帮助他们集中注意力，促进睡眠，增进与他人的联系。有些人还说，笑总比哭好。在一次活动中，一位参与者甚至将大笑描述为"心灵高潮"！

但有一个回答非常引人注目："因为大笑让我幸福。"

---

① 兔子洞（rabbit hole）出自《爱丽丝梦游奇境记》，比喻未知的不确定的世界。——译者注

> **血清素姐姐**
>
> 问：我时常想起自己被嘲笑的经历，那让我非常难过。下一次再遇到这种情况的时候，我应该采取什么样的策略或方法呢？
>
> 答：大多数人都会在一生的某个时刻经历这种情况。尽量不要将注意力放在那种负面的大笑体验上。提醒自己，这只是一个瞬间。相反，当你在一个没有偏见且充满爱的环境中时，你可以陈述自己遭到嘲笑的经历，让自己回归正常的笑（即自由自在和轻松愉快地笑）。或许你还能在被人嘲笑时发现其中的有趣（或荒谬）之处。

这就是有趣的地方。如果笑是通往幸福的捷径，那么我们为什么不多笑一笑呢？我们都想幸福——我们渴望幸福。"生命、自由和追求幸福"甚至被写入了美国的《独立宣言》。可是，为什么我们要把笑或不笑的选择权交给命运，或者我们都忘了笑？这是不是就像我们知道节食对健康有益，却在坚持一段时间后便放弃？或者也许是因为在这个越来越"以我为中心"而不是"以我们为中心"的社会中，参与社会活动的机会越来越少。在社交方面，我们变得更加孤立。在我们所生活的时代，智能手机、笔记本电脑和平板电脑取代了电影院或全家在客厅看电视的机会。在格子工作间，人们的脸隐藏在屏幕或计算机显示器后面，社交互动大大减少，并且有的人居家办公，与同事进行线上交流，在饮水间里开怀大笑的机会也减少了。

生活并非总是欢声笑语，这是它的本来面目。如果我们总是笑逐颜开，尽管听起来不错，但这会让人筋疲力尽，也让人生的高潮和低谷之间失去界限。最终，你需要更频繁地笑才能体会到放声大笑的快乐。这可以用心理学教授索妮娅·柳波莫斯基（Sonja Lyubomirsky）所说的"幸福设定点"（happiness set point）来解释。如果发生了好事，你的幸福感就会上升，如果发生了坏事，幸福感就会下降，但过一段时间，幸福感都会正常化，回归你的设定点。[4]

我更喜欢将它称为"斑马现象"。小时候，我随父亲参加了一次在南非举行的医学会议。我们去了一个野生动物园——那是个千载难逢的体验。看到第一匹斑马时，人们兴奋地叫了起来，纷纷拿起相机咔嚓咔嚓地拍照。然而过了一会儿，无论再看到多少匹斑马，人们也只会说一句"啊，又一匹斑马"。我们不再掏出相机，而是看向能让多巴胺释放的其他地方。大脑可以习惯任何事物，在一段时间以后，大脑就不再注意这些东西了。幽默也是如此：一段时间后，同样的笑话和刺激就不能再惹你发笑了。后续章节中，我们将详细介绍人对幽默的反应。

△ **血清素姐姐**

问：过去我经常开怀大笑，但现在我很少笑了。怎样才能让我笑口常开？

答：这是我最常被问到的问题之一。压力的积累会影响我们日常的"笑商"（laughter quotient），即我们能放声大笑的程度。成年人往往会对笑过度思考。有意识地让自己大笑也许会有帮助。为笑安排时间表——在镜子前对自己展露亲切的笑容，以此开始新的一天。这能让你的一天充满欢笑。寻找其他放声大笑的机会，可以加入大笑瑜伽俱乐部，也可以笑着看完一部有趣的电影，抑或将笑融入一天中的不同时刻（参见第 3 章）。这有助于把笑从大脑转移到内心。另外请参考快乐练习手册，了解笑口常开的方法。

大笑时间线

"大笑时间线"的变化和形成在很大程度上取决于我们的生活经历——内在情绪与外部影响。问题在于，当长时间不笑时，我们往往注意不到。只有在一阵发自内心地大笑之后，你才会意识到，自己已经很长时间没有如此笑过了。

每个人都会因自己的人生经历形成专属于自己的大笑时间线。下面是我的时间线。

☺ **代码释义**

LL：笑声不断

L：经常大笑

O：偶尔大笑

S：几乎不笑

→ 小学期间 LL

→ 中学期间 O L

→ 中学毕业后"间隔年"期间 LL

→ 大学期间 O L

→ 就业初期 O

→ 婚后生育孩子之前 LL

→ 婚后生育孩子之后 S O L

→ 研究生学习与兼职工作期间（同时照顾两个不满7岁的孩子）O S O

→ 经过培训成为大笑瑜伽导师后 LL

→ 从事学术研究期间 O L

→ 慢性疾病与肠癌治疗期间 S O

→ 照料父母期间 O

→ 目前的生活整体上 LL，每天刻意大笑练习发挥了积极的作用

这个大笑时间线很简略，但足以说明问题。笑是一条变色龙，它能根据我们生活中发生的事情而不断变化。

◡ 简述你的大笑时间线

（1）拿出一支笔和一张纸，或者使用平板电脑等任何可以画画的东西。

（2）画出自己的大笑时间线。

（3）思考你能得出什么样的模式。

（4）找到一种能够为生活带来更多欢笑并丰富大笑时间线的日常活动。发生有趣的事情时，大声笑出来，不要将笑放在心里，"用力大笑" 10 秒，或者在网络上寻找能让你咯咯笑的表情包或视频。只有你知道什么东西才能让自己放声大笑。

我们的社交方式是影响大笑时间线的关键因素，特别是对话的质量和数量。已故的马里兰大学神经生物学和心理学教授罗伯特·普罗文（Robert Provine）发现，一个人在社交场合下

笑的次数是独处时的 30 倍。[5] 我们通常认为，只有班里的活宝、喜剧演员或搞恶作剧的人才能让人发笑，但普罗文团队的研究结果正相反，他们发现只有 10% 到 20% 的笑是由笑话引起的。一些常见的话语，比如"很高兴认识你"，几乎没有任何喜剧效果，却更有可能让人笑出来。

独处时，我们可能会感到快乐和满足，但笑声能够"装点"我们的社交互动。笑是一种对话工具，或者说，笑的作用等同于语言中的"标点符号"，即使是最缺乏幽默性的讨论也能制造笑声。笑会发出一个包容性信号，让其他人加入进来。通常，说话者笑的频率比倾听者高 46%，有时笑也可以取代言语。[6] 例如，最近我收到了一位有意向的建筑商对建造新露台的估价，但是当建筑商过来实地测量时，他的报价惹人发笑——几乎是他在电话里估价的两倍。当他说出报价时，我当即哈哈笑了起来，然后说："我还以为是这个价格的一半呢。"笑声为对话带来轻松的氛围，填补了尴尬的停顿——这种停顿在对话中有好几次。这也最大限度地降低了对话朝敌对方向发展的风险。不用说，根据这个报价，我没有选择他来建造新露台。

笑与伴侣关系

笑不仅是对话的润滑剂，还能提供重要的生殖和生存优势，它是安全的信号，让人感觉快活，能够调节压力和消极情绪。[7]

在选择伴侣时，幽默感一直是"必备条件"之首。1996 年，彼时尚未出现网络约会应用程序，普罗文教授分析了 8 份地方报纸上刊登的 3745 条个人征婚广告，以了解幽默感或笑对征婚者的重要性。女性在广告中提及笑的概率高达 62%，她们也更倾向于要求对方具有幽默感，而男性则倾向于提供幽默感。[7]

那么，在两性对比中，谁的笑声更多？

男性和女性都经常笑，但女性笑的次数更多。[8]普罗文教授的研究发现，在跨性别对话中，女性笑的频率比男性高 126%。其他研究发现，在第一次自然邂逅中，女性笑的次数越多，自述对正在交谈的男性的兴趣就越高。男性对在他们面前尽情大笑的女人更感兴趣。[9]就像戴维·阿滕伯勒（David Attenborough）的纪录片所呈现的那样，对于雌鸟来说，一个重要的求偶仪式是展示它的羽毛，像大笑一样，好让配偶上钩。在采取行动前，雄鸟会跳一种仪式性的搞笑舞蹈，让配偶做出更多大笑的动作。

研究发现，男性的笑声更具感染力。当男性大笑的时候，伴侣被逗笑的可能性要高 173%。[10]虽然迄今为止还没有关于同性伴侣的相关数据，但我们可以推断，伴侣是一个人的笑声的重要来源。

但是，笑声效应在一段关系中发挥了什么样的作用呢？共同欢笑的情侣会一直在一起吗？根据北卡罗来纳大学社会心理学家劳拉·库尔茨（Laura Kurtz）表示："一般来说，情侣在一起笑的次数越多，他们的关系质量就越高。"[11] 这一原则适用于任何亲密关系。凭直觉可以判断，一起笑（不是冲着对方大笑）是一种有益的活动。我一直在关注这个话题，并对此进行了三十多年的广泛研究。毫无疑问，我得出的结论是，共同欢笑的确有一定的益处！我相信，作为我生命里重要的另一半，我的丈夫丹尼也会同意这一点。

然而，即使是最融洽的伴侣关系，也会出现一些冲突。记得几年前，我们决定翻修房子。原本 4 到 6 个月的翻修工程一直拖延了 9 个月仍未完工。在此期间，丹尼有很长一段时间都不在家，他在地球的另一头拍摄一部纪录片。每次回家，他都会问为什么这个是这样，或为什么那个不是那样。对此，我面色平静地（同时在内心咒骂）回道："我问了你的意见，你总是说现在的状态不适合考虑这个问题，或者你无所谓，由我决定。"

表面上来看——太棒了。我拥有完全的自主权，但其中暗藏了一个问题。我在装修和设计方面完全是外行。就这样，接下来的几个月里，充满戏剧性的麻烦不可避免地出现了：我与心怀戒备的建筑商产生了意见分歧。此外还有一些可以避免的事情，比如我聘用了一位家具工。此人脖子上有文身，脚上还穿着黑帮风格的高帮跑步鞋。我和家人开玩笑说他有黑帮气质，但实际上我知道他的出身值得信赖——他那年老可亲的父亲曾为我们以前的房子建造了厨房。可悲的是，我一语成谶。他的高帮跑鞋不仅是一种时尚配饰，更是巧妙隐藏电子脚镣的手段，这种电子脚镣可不是阿迪达斯专卖店的产品，而是拜监狱所赐。他卷走了我们的厨房押金，据警方称，他是为了让他那年老可亲的父亲在希腊老家安享晚年。对我而言，除了经济上的损失，在接下来的几个月里，我还要在隆冬时节的户外用冷水刷碗。

当丹尼又一次结束远行拍摄回到家的时候，我已接近精疲力竭。他进家门后的第一句话成了压死骆驼的最后一根稻草。

"这盏灯为什么放在这里？"

我很想把他从前门撵出去，关上门，再换一把锁。这是一个草率且不成熟的想法。虽然前门已经装好，但即使是最精巧的锁匠也无法为尚未安装的后门配一把锁。我一直克制着自己的情绪，直到他败给时差，倒在床上睡着了。我知道孩子们回家后看到他会非常兴奋，我不希望自己的酸涩心情影响这一次重聚。为了平复心情，我走出家门，在街上徘徊，最后停在附近公园的一棵大树下。我还没准备好面对他一连串的"为什么"，于是开始在手机的存储库中寻找好看的照片，排解沮丧心情，唤起我对糟糕另一半的爱意。在无数张孩子们吐舌头、做鬼脸的照片中，我看到一张在努美阿（Noumea）短途旅行的快照，照片里没有孩子，只有我和丹尼手持鸡尾酒，一副沉浸在欢声笑语中的模样。重温这些有趣的回忆，我的情绪不再被乱七八糟的装修问题缠绕。愉快的回忆完整地浮现在脑海中，这让我急切地想回家。

我决定让自己沉浸在这些回忆中，这是一个明智的选择。研究发现，回忆共同的欢笑经历对人际关系有积极的影响，它比泛泛的回忆更有价值。[12] 斯坦福大学商学院的珍妮弗·阿克尔（Jennifer Aaker）发现，如果让夫妻回忆曾经一起大笑的经历，而不是只回忆快乐的时刻，他们对感情的满意度会提高20%。与伴侣一起微笑或咯咯地傻笑可以缓解紧张情绪，制造亲密感并改善沟通。起初我的回忆是片面的，但没过多久，我就能用轻松的态度来对待与丹尼之间发生的事情，开玩笑说我们如何出色地完成了破屋改造——肯定能参加《筑梦奇人》（*Grand Designs*）①。出现意见分歧的时候，笑有助于关系的修复。

一个有趣的人对关系也会有所帮助，这对我来说非常有效，因为在我们的关系中，我绝对是更搞笑的那一个。因此我很有发言权，当然，这不是比赛。堪萨斯大学传播学副教授杰弗里·霍尔（Jeffrey Hall）表示："有幽默感是好事。如果伴侣有幽默感更好。最好两人都有幽默感。"这是对关系的肯定。更重要的是一起大笑的时刻。无论看《单身女郎》（*The Bachelorette*）、《弗尔蒂旅馆》（*Fawlty Towers*），还是《办公室》（*The Office*），具有相同的幽默感才是最重要的。这是发展关系的技巧，让我们在彼此的陪伴下感到安全，享受乐趣——我们都知道这会带

① 《筑梦奇人》是一档由设计师帮助人们设计家居环境和小园林的节目。——译者注

来什么……

当然是带来富有感染力的笑声。据说，智人是唯一会发出有感染力笑声的物种，这或许可以解释为什么几个世纪以来，教会和其他机构都反对笑，他们将笑和性欲等同视之。如果不加以控制，它就是有害的。笑声具有感染力，尤其是对小孩子来说。我相信你小时候肯定有过忍不住笑出来的经历，而且通常是在一个不恰当的场合下。

众所周知，笑会传染。正因如此，早在 20 世纪 50 年代，在没有现场观众的情况下，《汉克·麦库恩秀》(*The Hank McCune Show*) 首次加入了事先录好的背景笑声，彻底改变了电视观看方式。从那以后，背景笑声（也称"罐头笑声"）已成为许多情景喜剧的固定配置。这种罐头笑声听起来可能很假，但它会刺激观众大笑，仿佛自己坐在人群中一样。我已经习惯了背景笑声和现场观众的笑声，因此没有注意到它们对节目氛围是多么不可或缺。直到新冠疫情期间，我看了绍恩·米卡里夫（Shaun Micallef）的喜剧节目《疯狂透顶》(*Mad as Hell*)。演播室内没有观众，节目也没有添加后期笑声。以往我看该节目都会笑得前仰后合，但这一次却笑不出来。我这才意识到，以前我的笑都受到了背景笑声的感染。

你也可以用自己的笑声来感染自己。听听英国德比大学的弗雷达·戈诺特–舒平斯基（Freda Gonot-Schoupinsky）的意见吧。为了响应医学界提出的用笑作良药的呼吁，她提出了"小笑"（laughie）的概念，确保每人每天至少笑一分钟。小笑类似于自拍，但不是给自己拍照，而是用手机记录自己一分钟的笑声。然后你可以播放录制的笑声，它会激发你大笑。她通过研究发现，在 420 项小笑试验中，89% 的小笑都能在一分钟内引发笑声，一半的参与者发现他们的笑声可以"自我传染"，许多参与者发现小笑对自己很有帮助。[13]

我们笑得越多，就越容易笑出来。关于"大笑传染病"，最令人难以置信的一项纪录来自坦桑尼亚的一所女子寄宿学校。这项记录开始于 1962 年，先是 3 名女学生咯咯地笑个不停。随后笑声迅速感染了 95 名学生，无法控制的笑声和断断续续的哭声迫使学校在几个月后停课。但在那段时间里，这种"大笑传染病"进一步扩散。非洲中部的其他学校也发生了相关"疫情"，笑声像野火一样蔓延开来。两年半后，近 1000 人被传染。有人说，无休止且歇斯底里的笑声与新共和国成立所带来的压力有关。

"大笑传染病"的发病条件不仅是听到笑声，还需要看到别人笑的样子。这样一来，大脑中的镜像神经元才能被激活。例如，看到某人微笑，你就会在自己的大脑中产生微笑的联想。你甚至不需要考虑这个人为什么微笑。它的效果立竿见影，毫不费力。

☺ 激活镜像神经元

练习激活镜像神经元。选择一个搭档并与其相对而坐。自然地开始对话，但不要告诉对方这是一个科学实验。观察你们的身体发生了什么变化。你们是否开始模仿彼此的动作？如果你在谈话中加入一些微笑或大笑会怎么样？笑是否开始传染？如果是的话，说明你的镜像神经元开始激活和连接。

我曾目睹镜像神经元被激活后所带来的笑声效应。几年前，我有幸加入一个团队，为澳大利亚墨尔本一家大型医院的透析患者实施全球首个大笑瑜伽研究项目。第一次走进透析病房，我被病房内的压抑气氛所震撼。眼神交流是大笑瑜伽成功的关键之一，但在这间病房内几乎不可能进行眼神交流，因为一台台如老式计算机那么大的透析机阻碍了患者的视线。他们将一只手臂连接到透析机上，另一只手臂可以自由活动，但有一些人被截肢或因肾病导致了其他形式的残疾。一般情况下，我不会怀疑大笑的疗效，但在那种情况下，要说我对这个项目的成功没有把握，都算保守了。

然而，在其他大笑治疗师和杰出的护理人员的支持下，光明和笑声很快改变了病房。在一个阶段结束时，我很想了解一位男士对大笑瑜伽的感受。项目开始时，他的眼睛黯淡无光，充满了悲伤。但是后来，当我注视他的双眸时，看到了闪烁的明亮光芒。我以为有聚光灯投射到他的脸上，但转过身去，只能看到医院昏暗的标准照明。尽管他的身体仍与透析机相连，但他的镜像神经元正在激活和连接，显然他的内心被激发出喜悦和光明。

笑的对话性和感染性有助于解释为什么我们在晚年往往少有欢笑。因为我们看到和听到笑的机会越来越少。笑声只有在对话的情况下才能发挥标点符号的作用。你不一定需要邀请小丑，只是安排一些闲聊，就可以减少孤独感和社交的孤立感，增加开怀大笑的机会。这些年来，我曾以个人和工作的名义在养老院度过了相当长的时间，近距离观察了老年人的孤独。不过我也接触到了一些有趣的老年人聊天用语，比如 BFF（最好的朋友晕倒了），BYOT（自带牙齿），CBM（由医疗保险承担），FWB（使用 β 受体阻滞剂的朋友），LMDO（笑掉我的假牙），GGPBL（我得走了，心脏起搏器电池电量不足）。

我的母亲本来要入住养老院，但患上阿尔茨海默病后，她的身体机能迅速衰退，最终也没有住进养老院。在父亲和兼职护工在家悉心照料了 6 个星期左右后，她被送进医院，陷入时而清醒时而昏迷的状态。医生告诉我们，母亲的时日已经不多，我们决定让定居美国的妹妹回来。母亲节这一天，母亲突然清醒过来。当时我们认为这是一个母亲节的奇迹：她不畏病魔，回到了我们身边。然而，这种清醒只持续了极短的时间。

当妹妹娜塔莉赶到时，母亲已经昏迷不醒，大概不知道她的女儿穿越了半个地球回到她的身边。由于这次跨越太平洋的行程匆忙而仓促，娜塔莉抱怨自己忘了带换洗的胸罩。我回道："太糟糕了，现在你的身体从内到外都需要支撑了。"过了一两秒，这种幽默的处理方式开始发挥作用，家人，包括我那情绪低落的父亲，都发出了笑声。令我们震惊的是，母亲的脸上也露出了温柔的笑容。我们永远也无法得知是什么穿透了她那神志不清的大脑：是幽默的刺激还是笑声的感染力？母亲的反应成为最后的祝福。在幽默的怀抱中，我们用喜悦、释然和宽慰的泪水化解悲伤。

从摇篮到坟墓，从地球的一个角落到另一个角落，笑声效应帮助我们健康成长。我们一生都在微笑和大笑。这是基因使然，它能帮助我们与外部世界建立联系，让人与人变得更加亲密。随着年龄的增长，大脑可能会遗忘，但身体不会。大笑的力量让我们沉浸在真正的欢乐、爱与联结中。正如美国散文家阿格尼丝·雷普利尔（Agnes Repplier）所写的那样："我们不可能真正爱上一个从未与之共同欢笑过的人。"对此我要补充一点，如果我们从来不笑，我们也无法真正地爱上自己。

☺ 画出大笑的自己

是时候搞点艺术创作了。你需要一张大小适合随身携带的卡片或纸片。涂鸦或画出沉浸在笑声中的感觉，借此与大笑的自己建立联结——这是对快乐的视觉表述。你可以画自己心花怒放的样子，也可以画自己开怀大笑后的感觉，或者干脆在页面上填满能让你感到快乐的颜色或图案。

完成后，你可以将这幅画放进自己的钱包里。然后，当你需要振奋情绪的时候，将它拿出来。或者，当你偶然看到它的时候，它可能会为你带来一阵愉快的惊喜。你也可以把它贴在冰箱或桌子等任何能引起你注意的东西上。你甚至可以为它拍一张照片，将其作为手机或电脑的屏保壁纸。

这幅画是一个刻意的提醒，让你想起微笑或大笑的自己所带来的积极情绪流动。

第3章

笑是最佳良药：发现笑声背后的惊人益处

尽你所能地笑吧，笑是便宜的良药。

——拜伦

如何量化笑声作为药物的效果呢？毕竟它不能被装进瓶子里，也不能在实验室里进行分析和测量（虽然一个装满笑声的小试管的确很可爱），但这并不意味着我们不能对笑进行研究。相反，这是一个新兴领域。有关笑的研究越来越受欢迎，这不足为奇，因为人们一直在为压力过大的现代生活寻找出路。对于这个日益严重的 21 世纪问题，制药公司正在竞相寻找解决方法。2019 年 7 月至 2020 年 6 月，澳大利亚共有 440 万人服用与心理健康相关的药物，约占全国总人口的 17.2%。[1] 全球新冠疫情暴发后，人们的心理健康受到严重影响。值得庆幸的是，大笑提供了一种补救方法。

直到 20 世纪下半叶，对笑的研究还主要属于哲学家和自然学家的领域，只有个别例外。"笑是最佳良药"这句谚语据说出自 14 世纪腓力四世国王的外科医生亨利·德·蒙德维尔（Henri de Mondeville）。据记载，手术后，德·蒙德维尔医生会讲笑话。他当时写道："外科医生应注意调整病人的生活方式，亲朋好友应为他提供鼓励，同时请人为他讲几则笑话，增添快乐和幸福感。"

虽然我提倡一切与笑有关的东西，但好在我的医生并没有采用德·蒙德维尔的方法给我做肠道手术。我认为他的大笑疗法更具中世纪的特点。当时距离麻醉技术的诞生还有 4 个世纪！

直到1979年，诺曼·卡曾斯根据自己用笑缓解病痛的经历，出版了《疾病的解剖学》（*An Anatomy of Illness*）一书，此后医疗机构才开始认真考虑将笑作为一种治疗方法。[2] 正如前文所述，患有强直性脊柱炎的卡曾斯出院了，他认为医院环境不利于康复——那里充满了细菌和感染，他为自己制订了一套喜剧治疗方案。这是首本详细记录了针对大笑治疗作用的案例研究的图书。

早期的大笑研究全都以幽默为基础。直到 1995 年大笑瑜伽在印度诞生，彼时才出现了不以幽默为基础的笑——刻意的笑或假装的笑。

作为治疗方法的笑可以分为五类：

- 真心的或自发的笑
- 主动的或假装的笑
- 由刺激引发的笑（比如通过挠痒痒让人发笑）
- 病理性的笑（因疾病或大脑损伤而产生的笑）
- 通过合法途径诱导的笑［比如通过一氧化二氮（又称笑气）或大麻］

无论是自发的笑、假装的笑还是由刺激引发的笑，我们在笑的时候都会重复发出呵呵、哈哈或嘿嘿的声音。本章接下来的内容基本集中在自发的笑与假装的笑上，但也会有一些关于挠痒痒致人发笑（即由刺激引发的笑）的讨论。

自发的笑

让我们从自发的笑开始探索。自发的笑是对所发生的趣事的响应，也是一种幽默的反应，搞笑的事情、有趣的视频、小丑或笑话等都会使人自然而然地笑起来。举例来说，我已故的父亲最喜欢这样一则笑话（请注意，他是一名医生）。

> 病人说："医生，手术后我能弹钢琴吗？"
> 医生说："我觉得没有问题。"
> 病人说："太神奇了，因为我以前不会弹钢琴。"

假装的笑

假装的笑并不依赖幽默的刺激。笑首先由身体产生，然后影响大脑。它不需要以积极的情绪或良好的感觉为基础。

这种不以幽默为基础、由自己主动发笑的疗法，最常见的就是大笑瑜伽，它包含了假装大笑的练习，并结合鼓掌和调息。大笑瑜伽通常需要分组练习。大脑相信笑是真实的，但前提是，不能在"你要笑"这样的胁迫或强迫的情况下进行。假装的笑也许并非因为发生了什么有趣的事情，但笑声效应很快就会带来许多欢乐和喜悦，尤其是在群体中进行的时候。

压力的终极克星

最常见的研究课题之一是研究笑（由幽默引发的笑或不以幽默为基础的笑）对压力、焦虑和抑郁的影响。压力本身不是敌人，我们对压力的反应或应对方式才有可能带来问题。以轻松的方式应对，就像改变铁路轨道：切断应激激素的流动，停止战斗或逃跑反应——大脑在这种反应下会分泌肾上腺素，而后肾上腺素遍布全身，然后打开 β-内啡肽的释放开关。内啡肽是一种由人体产生的类似吗啡的神经递质，能够削弱身体疼痛与精神压力的信号。

著名的幽默研究学者李·伯克（Lee Berk）教授指出，大笑时的生化变化几乎与压力状态下的身体反应完全相反。能明显缓解日常压力的是笑的频率，而不是强度。瑞士进行了一项针对 45 名大学生的研究，利用一款专门设计的智能手机应用程序，在全天任意时刻提示参与者回答有关笑的频率或强度的问题。它也会记录自上次提示以来所经历的压力事件和压力症状。3 个月后，研究人员发现，在减压方面，一两次爽朗大笑的作用比不上频繁的嘻嘻哈哈。[3]

此外，日本进行了一项基于社区的研究，从 3 个角度对笑进行了评估：频率、机会和个人互动。研究发现（对抑郁、社会人口因素和社会参与进行调整后），从来不笑或很少笑的男性和女性的主观健康状况总体较差。每日较高的大笑频率与较低的心血管疾病患病率之间呈现一定的相关性，众所周知，压力是心血管疾病的一大诱因，大笑的频率较低可能会提高患心血管疾病的可能性。[4]

假笑和自发笑在大脑和身体中的区别

日本研究人员已经发现，假装的笑和自发的笑涉及不同的神经通路。他们让参与者观看喜剧电影，然后对其愉悦的情绪进行神经成像，发现他们假装微笑 / 大笑时与自发微笑 / 大笑时，大脑亮起的区域不同。[5]

在奥克兰大学的一项研究中，研究者调查了自发的笑和假装的笑对心血管的影响。[6] 72 名参与者被随机分成 3 组，每组施加 6 分钟的干预。被分在假装笑小组中的参与者需要假笑（即主动发笑），其他参与者被分在自发笑小组中，一组观看幽默视频，对照组观看不含幽默元素的纪录片。之后，所有参与者要接受实验室压力任务。结果发现，假装的笑对心血管的益处更加明显，但所有类型的笑都对心脏健康有益。

另一项研究表明，笑得较少的参与者全因死亡率和心血管疾病的发病率明显更高。[7] 这个令人振奋的结果证明了哈哈笑和啊（放松）之间的关系，当人哈哈大笑时，应激激素会减少，身体得以放松。

笑与免疫系统

长期压力大会耗尽抵抗感染和疾病所需的白细胞储备。欢声笑语有助于生成新的白细胞，增强免疫系统，这一过程会增加淋巴细胞自发转化——听起来像《星球大战》（*Star Wars*）里的情节。淋巴细胞是抵御肿瘤和病毒的自然杀伤细胞。鉴于自然杀伤细胞对病毒性疾病和各类癌症的作用，通过大笑等非侵入性方法在短时间内显著提高自然杀伤细胞的活性，这种可能性令人兴奋。[8] 此外，一种抗病蛋白—— γ 干扰素——会产生抵御疾病的抗体和 T 细胞，在幽默干预后，这种作用会持续 12 小时。大笑可以促进淋巴液流动，有助于淋巴液回流到血液，从而保护身体免受疾病的侵袭。通俗地说，大笑能平衡免疫系统的所有组成部分，帮助我们抵御疾病。[9] 它还能锻炼我们的迷走神经。迷走神经从大脑延伸到腹部，是一条双向的超级信息高速公路，能够激活副交感神经系统，使我们感到更加平静、安宁。这就是所谓的积极压力（eustress），它是一种我们认为自己有能力应对的压力情况，因此会产生积极的反应，并对健康有益。

适度兴奋和幽默有助于缓解疼痛

内啡肽是人的大脑所释放的一种令人感觉舒适的神经递质，它能增强愉悦感，最大限度地缓解疼痛，并产生一种短暂而强烈的幸福感。笑能增加愉快的感觉，使大脑释放内啡肽。[10] 研究者进行了一系列研究，了解人们大笑之后对疼痛的耐受性，甚至对儿童也进行了这样的研究。[11] 有一项研究是在参与者（年龄均在 7 岁到 16 岁）将手放进冷水之前、期间和之后播放喜剧电影。记录手在冷水中浸泡的时间，同时让观看电影的孩子评价电影的有趣程度，然后分析两者的相关性。将手放进冷水中时，那些观看电影的孩子比未观看电影的孩子感受到的疼痛更轻。因此，小丑医生在儿科病房里如此受欢迎也就不足为奇了，他们用幽默搞笑来分散孩子们的注意力，缓解住院带给他们的压力。

佛罗里达国际大学的詹姆斯·罗顿（James Rotton）博士在另一项研究中发现，与观看剧情片的骨科手术病人相比，观看喜剧电影的骨科手术病人需要的阿司匹林和镇静剂更少。毫无疑问，他们的笑骨（funny bones）得到了有效刺激①。

牛津大学的研究者用《憨豆先生》（Mr Bean）进行了一项实验。憨豆先生的诙谐幽默能够减轻痛苦，还是仅仅制造混

---

① 此处是指他们被戳中笑点，为了与骨科病人相呼应，遂将 funny bones 译为笑骨。——译者注

乱？在研究的第一部分，志愿者观看《憨豆先生》或《老友记》（*Friends*）的片段，或者非搞笑类的节目，如高尔夫球比赛或野生动物节目，与此同时，研究者监测他们对轻度疼痛的耐受力。将冷冻的套管状葡萄酒冷却器戴在志愿者手臂上，或者为他们戴上血压袖带，并泵至耐受阈值，以此来制造疼痛。[12] 我敢肯定，真正令他们疼痛的是意识到实验中的这些葡萄酒不能喝。研究的第二部分是在爱丁堡边缘艺术节（Edinburgh Fringe Festival）上进行的。志愿者观看单口相声或话剧。表演前后，他们都被要求做靠墙静蹲，双腿弯曲成直角，背靠在墙壁上，就像坐在有靠背的椅子上一样。如果你以前没有做过这个练习，我可以根据亲身体验告诉你，这个动作会让大腿感到不适。研究发现，只要大笑 15 分钟，内啡肽的释放能使疼痛耐受能力提高约 10%。但仅仅在心里笑是不够的，参与者放声大笑时，内啡肽才能最大限度地发挥作用。在实验室实验中，不带幽默属性的节目没有任何缓解疼痛的效果。在边缘艺术节上观看话剧也没有缓解疼痛的效果。这证实了我长期以来的两个信念：高尔夫球毫无乐趣可言；如果可以选的话，应当去参加爱丁堡喜剧节而不是边缘艺术节。

　　内啡肽的释放是一种无意识的生理反应，由呼气产生的反复的肌肉发力作为释放信号。因此当我们大笑的时候，内啡肽就会被释放出来。你可能会好奇其中的原因。你能否在笑的同时屏住呼吸？我还没见过能做到这一点的人。作为一种重复性的肌肉运动，笑也是温和的有氧锻炼。在长时间的大笑之后，你的身体产生了什么感觉？是不是感到腹部肌肉疲劳，下巴酸痛，气喘吁吁？在减轻疼痛方面，笑得越多越好，除非你疼痛的部位是腹部或牙齿——哎哟！

大笑健身

对于那些健身迷来说，你是否想过通过大笑来健身？这会为你省下办理健身会员的大笔开支。笑得越多，呼吸越多，这意味着血液中的含氧量提高，进而增加对大脑和身体的供氧量，减轻疼痛和肌肉紧张。大笑是一种愉快的呼吸练习，可以锻炼横膈膜和呼吸系统，以及腹部、面部、腿部和背部肌肉。

也许你不相信。那么请想一些有趣的事情，或者没有特定原因地大笑，然后将计时器设定为 60 秒。你大约会哈哈大笑120 声。不仅面部肌肉会有感觉，腹肌也会有得到锻炼的感觉。

已故的笑学创始人威廉·弗莱说："笑声会深入你的肺部，并将其清理干净。"当人们大笑时，从肺部呼出的废气多于正常呼吸时呼出的废气，这些废气包括残留的二氧化碳。除非你容易气喘，否则呼气越多越好。因为大笑能够增加唾液免疫球蛋白 A 的浓度，有助于抵御通过呼吸道进入人体的传染病菌，还有可能引起咳嗽，从而将含有细菌的黏液喷出体外（记得捂住嘴巴，以免别人沾上你喷出的细菌）。

笑掉卡路里

减肥是一门严肃的生意。2021 年，仅在澳大利亚，减肥服务行业的市场规模就高达 4.58 亿澳元！这还没有将健身房、私人教练和以运动为导向的公司囊括在内。

范德比尔特大学医学中心进行的一项研究表明，大笑 10 到 15 分钟可以燃烧 10 到 40 卡路里①。[13] 这是因为大笑会使你的心率提高 10% 到 20%。笑的时候，人体的新陈代谢也会增加，所以即使停止大笑，恢复静息状态，身体也会继续消耗热量。如果一年中频繁大笑，那么平均每天通过笑燃烧的卡路里可能会使体重减轻大约 1.8 千克。如果你真的想减肥，那就笑出来吧！

☺ 大笑间歇训练

现在让我们进行一个小小的科学实验，观察在大笑间歇训练后，你的心理、情绪或身体是否会发生变化以及发生了哪些变化。

或许你听说过间歇训练对健康的好处。大笑间歇训练就是用笑来取代体育锻炼，比如跑步。如果你在训练过程中感到头晕或呼吸困难，请恢复正常呼吸。

---

① 1 卡路里 = 4.18 焦耳。——编者注

（1）在开始之前，先记住现在的感觉。你感到疲惫、焦虑还是平静？你的体温大约是多少？你感到很热、很冷还是刚刚好？你的心率是多少？你的内心感觉如何？

（2）将计时器设置为 10 秒。深吸气，然后呼气，接着尽可能大声地笑出来。现在深呼吸 10 秒。

（3）再次设置计时器，这次计时 20 秒。深吸一口气，然后呼气，接着大声笑 20 秒（20 秒看起来很短，但不一会儿你可能就想让计时器加速归零）。现在深呼吸 20 秒——吸气，呼气。

（4）准备好进行最后一轮训练了吗？将计时器设置为 10 秒，然后尽可能大笑。现在呼吸 10 秒。恭喜你，你已经完成了一套完整的大笑间隔训练。准备好迎接下一组训练了吗？

（5）试一试大笑 40 秒？你能否体验到心理、情绪或身体上的变化？

如果这种练习为你带来积极的回报，想象一下：假如每天只抽一点点时间进行练习，你会感觉如何？

在你觉得有必要的时候进行这种用力大笑、缓解压力的训练。它不仅能显著促进心理健康，还是一种有效的有氧运动！

老年笑学

作为一种温和的有氧运动，大笑疗法非常适合久坐不动的人群或老年人。把数独游戏放到一边去吧。美国洛马林达大学进行了一项基于幽默的研究，结果发现老年人体内的皮质醇水平降低，因此其短期记忆能力得到提升，睡眠质量和情绪得以改善，生活的幸福感提高，疼痛也有所缓解。[14]

进入暮年难免使人心生悲凉之感，心理与身体的健康状况也会下降，并且变得多愁善感。老年人的社交隔离十分普遍，即使在养老院里也是如此。这并不是说所有的老年人都会受到这种情况的影响——有些老年人有幸身体健康，能够在家中与亲人共享天伦之乐，直至生命的尽头。但遗憾的是，只有少数人有这种幸运。

为了解决这一问题，老年学领域的专业人员开始实践笑声效应，他们化身为小丑护理员、大笑瑜伽师和大笑老板等角色。加拿大的研究人员发现，从事老年人和痴呆症患者护理工作的小丑通过提供“大笑线索”——唤起久违的记忆，改善认知功能和沟通技巧——提高老年人及其家人以及负责照料的医护人员的生活质量。[15] 在“悉尼大笑老板和小丑护理员的多点干预研究（SMILE）”中，养老护理员经过培训成为大笑老板，与专业的幽默治疗师，即小丑护理员并肩工作。[16] 研究发现，在养老院的老人中，经常接触幽默的老人抑郁程度较低，社交参与和自评生活质量也有所提高，行为紊乱和焦虑不安的现象减少。

我与乐卓博大学的一位前同事朱莉·埃利斯（Julie Ellis）博士开展了相关试验，在养老院进行"放声大笑"试点项目。[17] 在 6 个星期的时间里，我们在维多利亚州的多家养老院实施了该项目，每周组织 8 到 12 位老人进行大笑瑜伽课程。每周我们都会进行完全相同的例行程序，在课程开始前与结束后分别为老人测量血压。我们还发放了自我报告问卷，了解课程的积极影响和消极影响，以及老人们的幸福感水平。[18] 无法填写问卷的老人则由工作人员协助作答。我永远不会忘记，在第一次课程结束后，一位刚入职不久的护士为老人们测量血压后，露出了疑惑的表情。课程开始前与结束后的血压测量结果截然不同：课程结束后，大多数老人的血压明显下降。我解释说，就像其他有氧运动一样，运动初期血压会升高，等身体逐渐适应以后，血压又会下降。这位护士听完松了一口气。

我们的试验结果也表明，参与者的积极情绪增加，并且更加愉悦地与周围环境互动。他们的热情和警觉性提高，倦怠感与悲伤感降低，平均幸福感得分整体有所提升。[19] 不需要这些调查结果，我的亲身感受与所见所闻就足以说明一切。课程结束后，老人们经常过来拥抱我，问我什么时候再来，并感谢我让他们开怀大笑。悲伤的泪水变成喜悦的泪水。笑不仅治愈肉体，还能振奋精神，触动灵魂。

在哥伦比亚，医疗小丑为养老院的老人们实施大笑治疗项目，借此研究大笑对抑郁和孤独的影响。研究发现，项目实施后，老人的抑郁程度明显下降，但孤独程度没有明显变化。这一结果强调了抑郁和孤独的根本性区别。尽管笑对社会关系有正面影响，能够减轻抑郁症的症状，但它并不能填补所有的空虚。[20]

伊朗进行了两项针对患有抑郁症的老年女性的研究，结果发现，在缓解抑郁、提高生活满意度方面，大笑瑜伽的效果基本等同于团体运动疗法。[21]这两种疗法都是有益的，都是有氧运动的一种形式，但在提高生活满意度方面，大笑瑜伽的效果相较于对照组更加明显。在另一项研究中，退休女性每周参加两次大笑瑜伽，连续参加8个星期，而对照组则继续进行日常活动。结果显示，大笑瑜伽干预组和对照组的抑郁与焦虑评分模式存在显著差异。[22]对照组的焦虑评分增加，而大笑瑜伽干预组的焦虑评分显著下降。从第四周开始，大笑瑜伽干预组的平均抑郁评分开始低于对照组。

至于如何选择缓解抑郁和焦虑的方法，研究表明非幽默疗法比幽默疗法更有效。这不是开玩笑——事实证明，前者的有效性是后者的两倍。[23]

"反笑声效应"

如果将有关大笑疗效的假设反过来考虑呢？大笑的频率降

低会导致抑郁症状吗？这就是所谓的"反笑声效应"。

我曾参与由迪肯大学牵头进行的一项针对透析病人的研究，限制发笑所造成的影响是待验证的假设之一。[24] 据统计，在所有慢性疾病中，透析病人的伤残调整寿命年① 最长。肾脏是人体排毒的关键器官。一旦肾脏功能衰竭或受损，就会出现一系列复杂的健康问题。如果身体无法自然排毒，就需要进行透析治疗。病人每周要使用三次血液过滤机，每次长达 5 个小时。这是一场无期徒刑。如果要旅行，也只能去有透析设备的地方，这影响了病人的人际交往，也导致他们难以从事全职工作。正因如此，这类病人的抑郁症发病率也很高。

选择不以幽默为基础的大笑疗法，其原因之一是，这种疗法不需要依靠有趣的情境来刺激人们大笑。在 4 个星期的时间里，莫纳什公立医院（Monash Health）每周组织三次系统的大笑瑜伽课程，每次 30 分钟，并对病人的生活质量、主观（自我报告）健康状况、血压、肌肉痉挛和肺功能进行测量。

病房里回荡着笑声。路过的人常常探头进来，想知道究竟发生了什么事。护士、医生和病人都沉浸在笑声中。每个人都渴望加入大笑行动。良好的气氛具有传染性，在任何病房里，这都是唯一一种令人向往的传染。研究发现，病人的确在笑声

---

① 伤残调整寿命年是指从发病到死亡所损失的全部健康寿命年。
　　——译者注

中获得了幸福。刺激大脑释放内啡肽和多巴胺等给人带来愉悦感的神经递质，可以提高幸福感，使人获得平静。

诙谐缓解紧张

没有什么比开怀大笑更能缓解不安和紧张的情绪了。肠切除手术 12 个月后，我接受了 CT 扫描复查，以确保一切正常。结直肠专科的医生告诉我，结果看起来不错，只是肝上有一个斑点，他认为之前并没有这个斑点。肝上有一个斑点——什么意思？我的胃肠科医生看了一眼扫描结果，认为没有什么问题，建议随访，我的心不禁沉了下去。正是这位胃肠病专家曾向我保证，他为我切除的直肠息肉看起来没有问题，所以现在我不敢相信他了。为了确保万无一失，他建议我做一次核磁共振检查，不过考虑到我在那一年里接受的辐射量，他建议我等 3 个月后再做。他安慰我，让我不要太担心。尽管他的话里充满善意，却并未平息我的不安与焦虑，而且这种不安和焦虑与日俱增。我祈祷着，但愿房间里这头会惹麻烦的大象①不要狂奔起来。

尽管我试图将这些事抛到脑后，但去年手术的痛苦记忆

---

① "房间里的大象"是一句谚语，用来形容一个明明存在的问题，却被人刻意回避及无视的情形。——编者注

还萦绕在脑海中。有两个方法帮助我减轻了恐惧,加强了对情绪的控制:刻意大笑和深呼吸。当我独自开车在红绿灯前停下的时候,我会大声地笑,直到信号灯变绿。如果有人看到我的样子,一定会以为我正开着手机免提,和好友谈笑风生。我在每天的冥想练习中加入了大笑的练习。通过频繁地放声大笑,那种令人窒息的焦虑感日益减少。我的紧张并没有被完全消除——幸好后来的检查显示"一切正常",这些紧张感才彻底消失——但它确实阻止了大象狂奔。

用大笑代替压力

(1)将一只手轻轻放在喉咙上,发出"呵呵呵"的笑声。你能否感受到振动?

(2)现在,吸一口气来补充氧气,将笑声送入胸腔深处。将一只手放在胸前,发出"哈哈哈"的笑声。你能否感受到胸腔中的笑声?

(3)最后,将笑声进一步向下送,传递到腹部。吸气时,将一只手放在腹部,然后在呼气时发出"吼吼吼"的笑声。

(4)重复几次,每当你感到自己要被压力击垮的时候,就进行这个练习。

慢性疾病会对身体、情感和精神造成伤害。我这种间歇性焦虑的体验也符合针对其他慢性疾病（包括癌症）患者的研究结果。韩国进行了一项研究，对乳腺癌患者实施大笑疗法：有节奏地拍手大笑，长时间大笑，调动全身大笑，以及将大笑与舞蹈结合，一边大笑一边跳恰恰舞。结果表明，大笑能有效减轻压力、抑郁和焦虑，仅在一次治疗后就能看到效果。[25] 这项研究也体现了笑学家所面临的一个挑战：在同时使用多种治疗方法的情况下，如何得出有关笑声效应的针对性结论。

笑出好肠胃

焦虑是一头难以驯化的野兽。最初它只是大脑中的想法，结果却对全身造成影响。焦虑会消耗血清素，而血清素是掌管情绪、食欲和消化功能的重要物质。人体肠道中的血清素受体多于大脑，因此焦虑和抑郁是肠易激综合征（IBS）的常见副作用。伊朗的一项研究发现，在缓解焦虑引发的肠胃症状方面，大笑瑜伽比抗焦虑药物更加有效。[26]

大笑与基因

开怀大笑不仅能通过刺激与健康有关的神经递质来改善肠胃不适，甚至还能改变基因。[27] 日本学者研究了心态对糖尿病的影响，研究对象是两组非胰岛素依赖型 2 型糖尿病患者。让一组患者观看 60 分钟非常无聊的讲座，另一组患者（比较幸运）观看一个小时的喜剧，分别测量两组患者在观看前后的血糖水平。与观看讲座的患者相比，观看喜剧的患者对胰岛素的需求明显减少。

不仅如此，研究人员还发现，仅仅通过大笑就改变了 23 个基因表达！他们认为，参与者情绪高涨，进而刺激大脑向细胞发送新信号，开启了能够自然调节血糖的基因变异。

说到基因，人们已经发现，大笑的频率是影响女性受孕的重要因素。以色列学者对接受试管婴儿技术的女性进行了研究，为部分参与者安排了小丑医生，术后小丑医生会陪伴她们 15 分钟。最终这些参与者的受孕率为 36%，而未接触任何喜剧元素的参与者受孕率仅为 20%。[28] 因此，如果你想怀孕，何不共享欢笑。最坏的情况是你会大笑一场，而最好的情况是，你将孕育一个新生命！

从精疲力竭到满血复活

疲劳使人虚弱。我对这种感觉再熟悉不过了，因为我在二十多岁时就患上了慢性疲劳综合征。渴望消除疲劳也是我学习大笑瑜伽的原因之一。第一次体验大笑瑜伽后，我觉得自己充满活力。因此，当乐卓博大学健康促进专业的一名优等生找到我，请我指导一个测量压力、焦虑和疲劳的大笑瑜伽项目时，我欣然接受。我已经对目光呆滞、心力交瘁的学生见怪不怪，尤其是在期末阶段。在期末考试前的 4 个星期里，我们每周组织 10 到 12 名学生进行 40 分钟的大笑瑜伽。每周都会在练习前后进行有关压力、焦虑和疲劳的调查。许多学生表示，在课程结束后的一两个晚上，他们的睡眠得到了改善。他们表示，课程结束后，自己的学习积极性提高了，头脑也变得更加清晰。此外，这些学生的幸福感也有所提升，心理压力和疲劳感降低。那位为该项目辛勤规划、设计、实施和后期评估的优等生感到非常高兴。

大笑对大脑的改变

美籍丹麦喜剧演员维托·埔柱（Victor Borge）有一句名言："笑是两个人之间最短的距离。"正如前文所述，笑就像标点符号一样，可以填补令人不快的沉默或略显尴尬的相遇。但是你知道吗？戴上"笑"的眼镜，也可以改变你看世界的方式。澳大利亚神经学家杰克·佩蒂格鲁（Jack Pettigrew）教授在研究大脑如何处理视错觉时发现，开怀大笑还有一个意外结果：它会改变一个人对图形的感知。[29] 他在实验中使用了一个纳克立方体（necker cube），这是一种能够产生视错觉的立方体，由简单的线条绘制而成。他给一位研究参与者讲笑话时，意外发现了这一现象。作为一名神经科学家，我们只能猜测他的笑话内容。比如：

> 问：为什么大脑不想洗澡？
>
> 答：因为它不想被洗脑。

说回大脑方面的问题。面对纳克立方体这样的视错觉图，人的感知会发生变化，使我们同时从两个不同的角度看到立方体。佩蒂格鲁发现，在大笑的时候，大脑会将图像混合在一起，这样一来，错觉消失了，只能看到一个二维图像。他总结道："如果你对一个图像产生两种理解，那可以确定你正同时通过大脑的两个半球进行观察。"用科学术语来说，即"笑能消除双眼竞争"，也就是说，我们的感知能将呈现在每只眼睛上的不同图像融合在一起。笑能改变大脑的状态，改变感知。你可以自己试一试。在纸上画一个纳克立方体，或者如果你希望在派对上给人留下深刻印象，可以在餐巾纸上画一个纳克立方体。让别人注视着立方体，同时给他们讲一个笑话，看看会发生什么。

研究人员通过核磁共振成像对人们大笑时的大脑反应进行了研究。当人因幽默的事物而发笑时，大脑的两个半球都会产生伽马波。大笑，或者仅仅是享受一些好玩的东西，都会增加大脑内啡肽和多巴胺的释放，从而带来愉悦与奖赏感。随着这些令人振奋的激素水平提升，脑波活动也有所增加，特别是神经振荡。从本质上来说，这是对整个大脑的锻炼。李·伯克教授将这称为"大脑的最佳状态"。[30] 笑声效应直接产生的脑波频率与人们在冥想状态下体验到的脑波频率相同。

笑与长寿

现在，我们来讨论一个热门话题。笑口常开是不是长寿的秘诀？看起来似乎很有可能。一项针对拉丁美洲母亲与欧洲白人母亲的研究发现，尽管美国的拉丁美洲人在社会经济和社会心理方面处于劣势，但她们的预期寿命却高于其他群体。研究发现，拉丁裔母亲比欧洲白人母亲更爱笑，喜欢与他人面对面交谈，因此形成了这种"拉丁裔健康悖论"。[31] 拉丁裔母亲的交流能力能够带来更多笑声。研究发现，笑得少可能是导致日后功能性残疾的一个因素。笑得少的人可能在日常生活中遇到困难，比如由于疼痛、行动不便或运动神经问题，难以抓握物体和完成精细操作，例如难以将钥匙插入锁孔中，不会打字甚至无法系衬衫纽扣。[32]

笑与医学

笑能为身体、情感、社会和精神带来这么多益处，然而，笑是最佳良药这一结论是否可信呢？将笑作为药物的科学研究是一个相对较新的领域，需要更多采用相同大笑方法的研究。设置对照组，以便区别大笑与其他影响因素，例如区分恰恰舞与大笑——前者是标准的体育锻炼，后者是大笑锻炼。不同的方法和研究设计使同类对比显得有点不可靠——有时它们更像一盘有趣的水果沙拉。

但在医学上，大笑疗法肯定是有益的，而且适合处于不同人生阶段以及具备不同能力的人。不以幽默为基础的大笑特别适合老年人或认知障碍者，因为它不需要依靠语言技巧，如文字游戏或智力幽默。它对大多数人来说都是安全的，是一种充满乐趣的辅助干预措施。与所有药物一样，大笑疗法也需要注意合适的"剂量"。只笑一下不可能挽救生命。

技术或许能为笑声效应的医疗效果提供更加明确的答案，帮助我们辨别这些疗法的积极作用来自大笑本身还是其他因素。智能手机可以通过面部识别和语音分析对笑进行衡量。或者，另一种更"花哨"的设备——膈肌肌电图仪，可以对笑进行精确测量，评估呼吸驱动和横膈膜功能。[33] 它有助于确定每日最小的"大笑剂量"，目前建议每天至少大笑 15 分钟，可以在一天内分阶段完成，也可以一次性完成。

有些愤世嫉俗者不相信笑的医疗效果，但大笑在他们身上也能发挥作用。现在已经出现了社会处方，即医疗专业人员将病人转介到社区的非临床服务机构，参加健康促进活动，如园艺、（健康）烹饪班、志愿服务、艺术活动、成人学习或体育活动。如今，医学界已经有人将大笑纳入社会处方的范畴，[34] 引导人们参加线上或线下的大笑团体——最常见的是大笑瑜伽，从而增进与他人的交流，并将笑声作为"药物"服用。下面是《爱、笑与长寿》（*Love, Laughter and Longevity*）一书的作者，大笑瑜伽导师兼幸福教育家詹尼·戈斯（Janni Goss）所开的"大笑处方"：

> 分享你的笑容。
>
> 避免坏消息，寻找好消息。
>
> 与身边的人，尤其是孩子，一起游戏、欢笑和玩耍。
>
> 多接触喜剧——电视、电影、广播、播客、互联网。
>
> 做一个乐观的人——对生活充满希望。
>
> 锻炼你的幽默感。
>
> 用幽默来减压。
>
> 学会自嘲。
>
> 找一个大笑俱乐部，体验大笑瑜伽。
>
> 如果你很难笑出来，可以寻求帮助。
>
> 感谢大笑带来的好处。

研究证明，大笑对健康的益处可能超过了某些药物的效果，这让医学界倍感嫉妒。倘若笑是一种更加复杂的行为，也许很多科学界人士愿意认可有关其功效的证据。他们还会为如何制造大量笑声而奋斗。与此同时，当我们拥有无数药物时，哪些人还需要把大笑当成药片。一位医生说："如果你煮一根笑骨，就能得到一锅好笑的汤，它会非常'肱骨'。"① 汤越浓，对健康越有益。让笑成为你的良药。正如卡塔利亚医生所说："笑不属于医学的范畴，但笑能发挥医疗的作用。"

---

① 原句为 If you boil a funny bone, it becomes a laughing-stock. That's pretty humerus. Funny bone 是我们俗称的麻筋，位于肱骨（humerus）末端。此处是一个英文谐音，humerus 与 humorous（幽默的）发音相同。——译者注

第4章

大笑瑜伽与笑出健康

在大笑瑜伽中，我们不因快乐而笑，我们因笑而快乐。

——马丹·卡塔利亚（Madan Kataria）医生

需求是发明之母。大笑瑜伽与笑出健康就是这样的例子，它们填补了大笑疗法领域中的空白。通过系统的刻意大笑练习，结合拍手与深呼吸练习，诱导参与者发笑。大笑瑜伽有利于身心健康，特别是当你身处逆境的时候。你不需要依赖一些搞笑的事物让自己发笑。大笑瑜伽是最具启发性的活动之一，你可以通过它获得维持日常幸福感的"剂量"（DOSE）。

刻意大笑能够改变我们的习惯。面对无缘无故的大笑，逻辑思维一开始会卷起一阵风暴。但是，由于神经可塑性，即大脑结构发生改变的能力，再加上一定的练习，我们会逐渐形成大笑思维模式，这是笑声效应的核心组成部分。

正如前文所述，大笑瑜伽源于印度，准确来说是孟买的一个公园。早在 20 世纪 90 年代，时任健康杂志编辑的马丹·卡塔利亚医生正在想方设法地解决自己日益严重的压力问题，于是他决定撰写一篇关于笑是最佳良药的专题文章。令他吃惊的是，他找到了许多支持这一说法的证据，但他不知道如何在日常生活中发挥笑的作用。有关笑的研究激发了卡塔利亚对这种"药物"的兴趣。他收集了很多笑话，和5个朋友来到当地的公园，成立了一个"大笑俱乐部"。10天后，笑话都讲完了，有些人已经笑不出来了，朋友们也萌生了退出的念头。卡塔利亚没有屈服，他决意要找一种不靠笑话也能大笑的方法。

《情绪与健康完全指南》（*The Complete Guide to Your Emotions and Your Health*）一书给卡塔利亚留下了深刻印象。他的下一步行动以该书的主要观点作为依据，即你的身体无法区分你是发自内心的快乐，还是装出快乐的样子。卡塔利亚咨询了妻子玛德胡里（Madhuri），她是一位资深瑜伽导师，她注意到笑与瑜伽呼吸练习（调息）之间有一定的相似之处。于是夫妻两人设计了一套流程——重复呼吸，拍手，吟诵"呵呵哈哈"，以生活而不是笑话或喜剧为基础，进行大笑练习。这样一来，参与者可以自行选择大笑，而不是等待笑的机会。

回到公园后，大家开始用这种新方法"假笑"一分钟。由于笑声具有感染力，最后他们笑得停不下来。大笑练习的范围不断扩大，追随者也越来越多，5年内，大笑瑜伽已经传播至50个国家和地区。如今它已成为一种全球现象，甚至还有了专属节日，100多个国家和地区将每年5月的第一个星期日定为"世界大笑日"。现在，全世界已有数千家大笑瑜伽俱乐部，人们通过线上或线下的方式聚在一起，共同大笑。

老实说，我不喜欢"假装做到，直至真正做到"。作假对任何人都没有好处。我更喜欢"去做直至做到"。有证据表明，大脑无法区分自发行为和有意为之的行为。这也证实了那句话：行动创造情绪。

我相信，有时你会感到有些沮丧。如果带着这种情绪外出，你大概是一副垂头丧气的样子，走得慢慢吞吞。路过的人也许会避免与你接触，甚至不会对你微笑一下，他们认为这没有什么意义。你向外发出的信号是：我的情绪有点低落，别来烦我。如果你昂首挺胸，有力地摆动手臂，步伐坚定，结果会怎么样？你会传递出一种积极向上的氛围。行动创造情绪：你已经将低沉的情绪踩到地上，现在你将更加振奋。

让我们进行一个测试。

先握紧拳头，用自己的方式体现压力下的状态。注意肩膀的姿态。你的肩膀是放松的、柔软的，还是向上耸起的？呼吸变得柔和还是更加费力？在这种紧张的状态下，你的内心感受如何？满足？紧张？还是处于两者之间？保持这种感觉10秒左右。

现在，深深地叹一口气，将胸中的气体呼出。放松肩膀，松开双手。每呼气一次，就释放一点压力。可以采用适合自己的释放方式——深呼气、跺脚、抖动、微笑或放声大笑。片刻过后，你的感觉如何？我想应该会更加轻松，更加有生气吧。

改变体态可以改变我们的感受。刻意大笑也是如此。身体不需要与大脑商量也能笑出来，无论是自发的笑还是假装的笑，刺激的类型并不重要，可以是一个大笑练习，也可以是一个笑话。正因如此，不以幽默为基础的大笑往往被视为一种身心练习。特别是在大脑认为自己不想笑的时候，身体可以战胜大脑的虚假优越感，释放出笑声。很快，大脑仿佛吃下了镇静剂，尽管一开始有所顾虑，但最后还是会将令人愉悦的化学物质分散至全身。

☺ 一些能够帮助你开始大笑练习的简单方法

（1）拉开拉链。

假装你的嘴巴被拉上了拉链。用一只手拉开嘴巴的拉链，让它发出咯咯的笑声。拉开拉链，再拉上拉链，你可以根据自己的需要多次重复这个过程。

（2）思想牙线。

正如前文所述，压力是导致人们笑不出来的主要原因之一。就像用牙线清洁牙齿一样，你也可以经常想象，将一根思想牙线从一只耳朵穿入大脑，再从另一只耳朵穿出，一边笑一边来回拉扯思想牙线，从而清除大脑中的消极情绪和杂念。完成后，大笑一声将思想牙线弹开。

大笑瑜伽是不以幽默为基础的大笑练习的主要方式，后来法裔美国人塞巴斯蒂安·根德里（Sebastien Gendry）在此基础上发展出"笑出健康"的方法。它结合了经典的"仿佛法"（acting 'as if'），即身体主导，意识跟随。它拓展了大笑瑜伽的基本理念，提供了一种练习积极行为的模式，其核心包含以下4个方面：

- 协调运动，包括有节奏的手部拍打运动，如用手拍大腿和胸部，或者进行大脑健身操
- 呼吸、伸展和放松
- 积极强化，提升良好的感觉
- 表现欢乐（故意大笑、唱歌、跳舞或游戏）

认知行为治疗与自我照顾不仅能让人绽放笑容，还能给人带来快乐。它们的目的是建立信任、创造力、活力、灵感、同情心、沟通技巧和意识，同时促进各个方面的健康。如果你只想找一个提升积极性的权宜之计，那么根德里的方法不适合你。通往快乐的道路可能充满了挑战：有些时候，我不想道歉，也不想面对我所害怕的事情，我只想抱怨，而不是深吸一口气，决定接下来要做什么。笑出健康是一条通往正念的道路，用微笑或呼吸定格在当下，跳出过去和未来，更加专注于当下。你需要认识到，幸福不是别人给的，它只能由自己创造。

找到自己的笑

（1）闭上眼睛，保持安静。

（2）在心里默默地笑，不要发出声音。

（3）倾听自己内心的笑声。它听起来是什么样子的？

（4）吸气，每次呼气时微笑。

（5）闭上眼睛。在脑海中提高笑声的音量，然后闭着眼睛，大声笑出来。

你还可以尝试发出不同的笑声，可以张开嘴巴笑，也可以闭着嘴巴笑。可以从下腹部的丹田发出笑声，也可以从上部的胸腔发出笑声，或从头腔发出笑声。选择自己喜欢的方式，跟随笑声。重复多次，直至感受到更强的活力与快乐。

当你做出积极的、振奋精神的行为，并且感觉良好时，这种感觉就开始融入你的日常生活。根据根德里的经验，大约经过 10 分钟的练习，我们的思想、身体或呼吸就会发生改变。呼吸是连接意识和身体的纽带，两者同步运作，相互映照。如果你沉溺于思考，可以通过深呼吸或微笑来打破这个循环。起初，意识会抵抗。它会用各种各样的借口逼迫你停止这种行为：你没有时间做这个，你在做什么？这么做太可笑了。但是，如果将这种身体上的触发因素坚持下去，10 分钟之内，你的生化过程就会发生转变。

一个人无法同时拥有两种截然相反的心态。如果你沉浸在大笑或微笑等积极的情绪状态中，就不可能感到紧张或悲伤。这就是大笑瑜伽和笑出健康背后的重要原理之一，也是笑声效应的基础。我们需要在行为上做出改变，这样一来，"我希望生活得更快乐"之类的愿望就不会只停留在意识里。单是思想上的转变就是一项艰巨的任务。在别人面前，转变来得可能更加容易。行动是区分快乐制造者和快乐崇拜者的关键。根德里说："如果你笑，笑就会发挥作用。"他是对的。绽放一个笑容，首先会改变你自己，然后这个笑会荡漾出去，改变世界对你的反应。当每个人都对你微笑时，这个世界瞬间不再可怕，不再充满敌意。

根德里阐述了他的方法："这不是为了制造乐趣，而是为了体验乐趣。这不是强迫，而是选择。这不是伪装，而是让自己体验不同的存在方式。"对根德里来说，它的影响是深远的。"它改变的不是我的生活，而是我自己。"

笑能促进世界和平吗？

"当你笑的时候，你会改变；当你改变的时候，周围的世界也会改变。"这是卡塔利亚信奉的理念，他将其融入大笑瑜伽的哲学观。大笑瑜伽的使命之一就是通过笑建立全球意识和友谊，提升健康和幸福，并在这个过程中实现世界和平。可谓雄心勃勃。

在一些最不可能改变的地方，大笑瑜伽也在改变着当地人的生活。卢旺达是一个在近代饱受恐怖和创伤的国家。1994年，在短短的100天内，全国70%的图西族人以及胡图族温和派（共计约80万人）被胡图族极端分子屠杀。受害者在自己的村庄或城镇被杀害，许多人死于自己的邻居和同村村民之手。几十年过去了，许多卢旺达人的家庭仍然支离破碎，友谊破碎，这个国家的创伤亟待治愈。自2010年以来，来自澳大利亚西澳大利亚州的金·奥米拉（Kim O'Meara）——人称"天使金米"（Angel Kimmy）——一直在卢旺达各地推广大笑瑜伽。

让我先来介绍一下奥米拉的背景。2000年，她被诊断出患有CREST综合征，这是硬皮病的一种亚型。顾名思义，这种病的症状就是"皮肤硬化"，它会影响许多内脏器官，进而危及生命。根据医生的诊断，她的生命只剩3年。奥米拉颇为幽默地描述了自己的病情："体内的汁液将被吸走，身体失去弹性，你会变成一尊雕像，鸽子们可以在你身上栖息和大便，最后你就变成了一座喷泉。"面对医生的诊断，奥米拉大笑起来，这种反应鲜有人能效仿。她笑着讲述了在那之前自己所遭遇的一切，包括小时候被虐待的经历。她的笑令许多人感到不合时宜。但奥米拉很快就指出，任何事情都有其合理性和意义："如果你能对别人笑不出来的事情捧腹大笑，那么你就可能被治愈，因为你掌握了生活的真谛。任何事情的发生都有其原因，任何事情都有其合理性，你要做的就是继续走下去，直至找到它有趣的一面。"

奥米拉相信，如果没有笑，自己肯定已经离开了人世。作为一个真正的乐观主义者，她复述了自己最喜欢的电影《涉外大饭店》（*The Best Exotic Marigold Hotel*）中的一句台词："凡事到最后必将皆大欢喜，如果没有，那就是还没到最后。"她补充说："故事要经历戏剧性的事件、创伤、浪漫、喜剧，直至你到了某个阶段，这些经历汇总起来，你欣喜地发现自己是谁，它们成为你生命的表达，但你的故事仍未结束。"尽管 CREST 综合征给奥米拉的外表留下了明显的印记，但她的精神并没有被击垮。她是一个鲜活的典范，在身患残疾的情况下，或者说尽管身患残疾，但她依然在实现人生的目标。

过去奥米拉只会自发地笑，但大笑瑜伽让她找到了一种练习大笑的方法。2010 年，她收拾行囊，带着两个使命出发前往卢旺达：一是与大猩猩一起玩耍，二是探索如何在这个满目疮痍的国家推广大笑瑜伽。卡塔利亚医生期望通过笑实现世界和平，受此启发，奥米拉相信，"如果能在那里（卢旺达）有所作为，那么在其他任何地方都不成问题。"

第一个使命以心碎告终。有一只黑猩猩为奥米拉的迷人魅力所倾倒，据说奥米拉离开时这只黑猩猩伤心欲绝。第二个使命完成得更为出色，西澳大利亚州珀斯的大笑瑜伽俱乐部和卢旺达的复苏与重建组织（RRGO）建立了合作，通过大笑瑜伽帮助社区复原。在布杰塞拉（Bugesera）地区，种族屠杀后人们建立了一个和解村，让受害者和施暴者共同生活。卢旺达政府选择大笑瑜伽作为修复国家的方法之一，试图让这个国家重新成为一个和平之地，并要求复苏与重建组织将这一做法推广到社区。通过培养爱、感恩、仁慈、乐观和宽恕等积极情绪，改善卢旺达社区居民的心理健康状况和复原能力，这是复苏与重建组织所追求的更加高远的目标之一。大笑瑜伽培训与创伤治疗相结合，借助奥米拉的艺术治疗背景，让人们通过黏土手工来修复创伤。它的效果超乎想象：幸存者与那些曾伤害自己或杀害自己家人的人一起大笑。大笑产生的内啡肽使参与者处于一种"有爱"的精神状态，然后他们可以在大笑的兴奋状态下，而不是"典型"的低落情绪下，重新看待自己所经历的暴行。

卢旺达政府和独立研究者持续监测施暴者和受害者在心理健康和复原力方面的差异。一位经常参加大笑瑜伽的人说："我感到快乐、平和、放松，我想把这种'和平的烛光'带给家人。"他们并没有照搬世界上其他地方流行的大笑练习，而是采用自己的方式，创造出适合本土文化与生活方式的练习。比如用迷你扫帚扫地的大笑练习，一边大笑一边用石头洗衣服。他们甚至还有一系列因梳理卷发失败而引发的大笑，据奥米拉说，这样的事总能让人捧腹大笑。

2019 年，借助国际扶轮社（Rotary International）的捐赠款，复苏与重建组织开始在另外 15 个村庄开办大笑瑜伽俱乐部，并计划在未来开办大笑瑜伽学校。凭借奥米拉的聪明才智，其中一个大笑瑜伽俱乐部还能为当地的村庄提供牛奶和奶酪。她筹集资金，买下了一头怀孕的奶牛——这是一个小小的胜利，"买一赠一"。大笑俱乐部成为居民们一起欢笑与喝牛奶的地方。奥米拉说："笑是这个星球上最珍贵的东西。"她有一个宏大的心愿，那就是在全国种族灭绝纪念活动上播放一分钟的笑声，希望笑声能让人们停止战争，防止下一场种族灭绝事件的发生。这是一条通往和解、治愈与和平建设的道路。

在世界其他地方，在冲突频发和局势剑拔弩张的地方，人们也在使用大笑疗法。亚历克斯·斯特尼克（Alex Sternick）是一位"无意义"艺术（这真的是门艺术）和大笑疗法的实践者，他曾为以色列人和巴勒斯坦人举办过联合大笑瑜伽课程。斯特尼克在印度偶然接触到大笑瑜伽，卡塔利亚医生的观点——"大笑不一定能解决问题，但有助于解决问题"——让他深受启发，于是他决定将大笑瑜伽引入旷日持久的中东冲突中。

消息很快传到了约旦，斯特尼克收到了一个来自约旦的请求，对方请他远程为一位约旦女性进行大笑瑜伽培训。之后，经由他最新招募的成员，笑声效应扩展至叙利亚难民。斯特尼克说，和平始于自我和解。如果你不能解决内心的冲突，大笑瑜伽或其他任何技巧的作用都是有限的。"人与人之间的战争，其实源于他们内心的冲突——个人的问题或未得到解决的难题，致使他们憎恨别人。因此，如果不能深入解决这些个人问题，并在（自我的）这些方面达成和解，就无法真正地与他人开怀大笑。"斯特尼克说，"当你善待自己，接纳自己的时候，就不会再怨恨别人——仇恨将烟消云散。"

他认为，将相互冲突的双方联系起来的不是语言。"这种联系可以是笑声、哭声、胡言乱语，甚至是一起做一顿饭。如此一来，仇恨将在某种程度上逐渐消退。"斯特尼克认为，对话有时会加剧冲突，它使人与人之间产生隔阂。但如果你从身体里带出一些东西，比如笑声，它可以直接将两颗心联结在一起。大笑瑜伽能够帮助一个人与自己和他人达成更深层次的和解。

大笑瑜伽领域之外的幽默从业者也持有同样的观点，许多喜剧演员都意识到笑的力量。英国喜剧演员阿利斯泰尔·巴里（Alistair Barrie）曾主持一场主题为"你是否接受和平？"（*Are You Taking The Peace？*）的单口喜剧，用一种极不严肃的方式讨论一个严肃的议题。他断言："面对周围的恐怖事物，人类的一种反应就是嘲笑它们，这至少是我们的共同点。"或者，正如澳大利亚喜剧演员亚当·希尔斯（Adam Hills）所说："如果认为自己所做的事情不能让世界变得更好，就不该做这些事。我们实在羞于承认这一点。但我认为，如果能用笑声将一个房间里的人团结起来，那么这个世界的分裂就有望减少。"

> ## ⚘ 血清素姐姐
>
> **问:** 如果别人看到我无缘无故地大笑，以为我疯了可怎么办？
>
> **答:** 我非常理解！如果你很害羞，可以选择一个自己认为安全的地方大笑。比如洗澡时，一个人在家的时候，或者坐在车里的时候。此外，你也可以提醒自己为什么要笑——为了健康，这是放声大笑的最佳理由。

铁窗下的笑声

路易斯·戈麦斯（Luis Gomez）是一名心理咨询师和大笑瑜伽导师培训师，他致力于在墨西哥城的监狱系统中推广大笑瑜伽。2013 年，当他开始推广大笑瑜伽时，仅墨西哥城就有 13 间监狱——2 间女子监狱和 11 间男子监狱，共有犯人超过 40000 人。[1] 面对如此多的监狱，戈麦斯选择先在女子监狱中开展大笑瑜伽，希望这样可以更加稳妥，但一开始他也遇到了一些问题。在最初的一次课程中，大家进行的"狮子大笑"过于真实，一些女犯人甚至咬掉了同伴身上的一大块肉！此后，他恳求犯人本着对彼此的爱进行练习。但他马上就改口，将"对彼此的爱"改为"对彼此的尊重"，因为他看到了几道锐利的目光，足以将人杀死——准确来说应该是把人生吞活剥。

在推广大笑瑜伽课程期间，犯人之间的关系有所改善，于是戈麦斯渴望实施更多课程。他与监狱心理学家和社会工作者一起，计划在男子监狱开展为期22天的大笑瑜伽项目。显然，戈麦斯是个不惧挑战的人，因为他并没有将项目的参与对象锁定在那些有一定自由度的犯人身上，而是选择了单独监禁的犯人，让他们共同参与"释放快乐项目"（Project Unleash Your Happiness）。尽管戈麦斯身材矮小，但使命赋予他安全感与力量，他说："我们需要意识到问题，而不是惧怕问题。"该项目结合了呼吸练习，专为犯人改造而设计的大笑瑜伽，以及萨尔萨舞！

虽然遇到了阻力，但戈麦斯只是说："按我说的，将项目从头到尾进行一遍，看看就知道了……"这一招果然奏效！沟通渠道被打开了。这些被社会排斥、缺乏人际交往的重刑犯们，第一次近距离地接触彼此。起初，他们不习惯一起大笑，更不用说交谈了，但随着时间的推移，他们共同分享了欢笑和喜悦的泪水。戈麦斯认为，即使你没有被监禁，即使你是自由人，但你在思想上也可能是一名囚犯。他鼓励犯人们高喊"Soy Libre"（我们是自由的）。尽管偶尔会从隔壁牢房传来"不，你们不自由"的反驳声，但犯人的思想还是发生了转变。正如一名犯人所说："有那么一瞬间，我感觉自己离开了这里。"心理测试、绘画活动、各种"面部照片"的前后对比，再加上犯人亲属对犯人的改变感到惊讶的话语，都充分证明了该项目的成功。初步数据显示，共同分享过大笑的犯人再犯率较低。

有时，我们会感到困难重重或无能为力。比如，面对重大疾病的时候——自己成为身体的囚徒。我就有过这样的感受。好几个月来，我一直在就医、接受手术，然后是康复治疗。我的自由受到了限制。相信能笑出健康的思维对康复非常重要。如果完全指望娱乐或趣事像魔法一样激发积极的情绪变化，那我可能需要等待很长时间。有意识地利用笑声效应，这为我带来力量，不仅让我活了下来，更使我能够发光发热。

笑出健康的思维让我通过微笑和刻意的大笑练习来体现积极的能量。此外，我还可以通过书面文字来挑战内心消极的声音。我们将在第10章进一步探讨这种方法。它促进了我在心理、情感和生理上的变化。首先催化自己的世界发生变化，然后再将这种变化扩展到外部世界。

☺ 大笑肯定——"Laffirmations"[①]

下面是我非常喜欢的一些肯定用语：

我有爱。

[①] Laffirmation 是 laugh（笑）与 affirmation（肯定）的结合。——译者注

我爱笑。

我快乐。

我平静。

笑退"黑狗"①

　　有时，笑及其能量是那么遥远，让人感觉触不可及。这就是全球数百万长期焦虑或抑郁症患者的感受。他们徘徊在生死边缘，质疑自己生命的价值。几十年来，我遇到过一些人，他们坦言，大笑瑜伽真的拯救了自己的生命。澳大利亚大笑瑜伽公司的首席执行官梅尔夫·尼尔（Merv Neal）解释道："这是一种社交沟通的反应。当我笑的时候，我在向人们表达我很开心。"笑声具有感染力，因此参与者可以从绝望中获得短暂的喘息。增加每天的欢笑时刻，即使是通过假笑练习发出笑声，也有可能振奋精神——哪怕只是短暂的振奋。每天早上，对着镜子笑一笑。洗澡时对自己笑一笑。习惯会成为我们的栖息地，因此我们要建造一个欢笑的栖息地。

---

① 在英语中，黑狗（black dog）是抑郁症的代名词。——译者注

☺ 寻找"笑友"

为什么要将笑的机会交给命运呢？找一位工作伙伴或朋友，一起为了健康的目的大笑几分钟。然后逐渐将时间延长到 5 分钟。给你的朋友打个电话，安排一次 Zoom call（线上会议）或线下聚会。养成大笑的习惯。找不到"笑友"？没关系，你可以做自己的笑友！

在新冠病毒疫情引发的隔离期间，情绪低落、抑郁和焦虑问题尤为普遍。与亲人分隔两地，乃至生死相隔，我们体会到切肤之痛。我们几乎无法再与家人和朋友面对面地聚会，无法再拥抱彼此，无法再一起开怀大笑。人们比以往任何时候都更加渴望欢笑，就在这个时候，就在这个身体和社交距离都被拉远的世界，需要面对面进行的大笑瑜伽成为首批牺牲品之一。

放弃不是出路，但大笑瑜伽领域的每个人都不知道它能否在网络世界发挥作用。大笑之所以具有力量，关键在于眼神交流和近距离的身体接触，参与者需要看到笑，感受笑。在第一次令人紧张的线上课程后，我放弃了唱诵和鼓掌环节，因为参与者无法做到协调统一，加上网络延时的原因，致使唱诵和鼓掌的声音极不和谐，我不得不按下静音键。为了创造一种共同参与的感觉，我坚持开启摄像头，并用"小窗视图"（gallery view），以便同时看到尽可能多的面孔。我还增加了有意识的呼吸练习，以便在长时间盯着屏幕后刺激氧合作用。值得注意的是，在经历了一些小挫折之后，线上课程几乎变得天衣无缝。包括我在内的大笑瑜伽导师都将练习方式调整为单向度，于是一种全新的大笑瑜伽诞生了。新冠疫情非但没有给大笑瑜伽敲响丧钟，反而让它发出了更加响亮的鸣响，全球各地的线上团体如雨后春笋般涌现。

我喜欢线上课程的自由性，它满足了我的一项重要需求——随时随地地大笑，即使是在热带雨林中。上天对我眷顾有加。当时，我正在远北昆士兰进行瑜伽静修，突然接到一个请求，对方希望我为一个被隔离在墨尔本的客户服务团队提供一次大笑瑜伽课程。很多客户的经济状况面临困难，不满情绪日益增加，导致这支团队的士气降到了历史最低点。考虑到我们所处环境的差异，也为了避免炫耀之嫌，因此一开始我并不想让他们知道我在什么地方。但雨林的魅力实在难以抵挡。我调整了笔记本电脑的角度，让参与者能够欣赏到身后雨林的壮丽景色。笑声回荡在苍翠的地平线上，久久没有消散。课程结束后，我遇到了参加静修营的学员，其中许多人都知道我是"大笑女士"。他们说，笑声在雨林中回荡，让他们的心情豁然开朗，脸上也绽放了笑容。

大笑瑜伽点亮暮年

无论是在网络上、面对面，还是在户外的微风中，大笑的能量都能通过听觉和视觉线索得到加强。因此，当我们的某些感官功能衰退时，笑就成了一种理想的保健工具。"银发一代"总是难免哀伤：爱人与朋友纷纷离世，那些踏入养老院大门的老人失去了自主权，放弃了对生活节奏的控制，或许还要与心爱的宠物永别。一位养老院的护工告诉我，养老院会向很多刚入住的老人发放抗抑郁药物，这个事实令人悲伤，却也在意料之内。总的来说，养老院的工作人员会尽最大努力来振奋老人们的精神。但是，要想真正促进健康，尤其是对那些身边并无多少可喜之事的人来说，必须设定大笑时间，不能听天由命。

重要的不仅仅是笑，而是笑可能带来的结果。就像你最喜欢的旋律一样，笑声也是一种"触发器"，能够让你回忆起某些时刻。这些时刻可能已经过去了很久，但有关它的回忆却与此刻的欢笑联系在一起。也许笑声十分短暂——10 到 15 秒——但这种温和且令人愉悦的有氧运动能够使人在不经意间转变思维。进入房间前，你还能从这些老人的脸上看出他们的真实年龄，但离开房间时，他们个个都因笑声的感染而容光焕发。

游戏是大笑瑜伽的基础，我看到老人们在笑声中重新玩起了游戏，比如摩托车大笑，即想象摩托车会随着笑的节奏发动起来（一位女士腼腆地透露，她二十多岁时骑过摩托车）。通过接住一个带笑脸的"笑"球，锻炼大肌肉群动作技能和手眼协调能力。手指来回敲打可以锻炼精细运动技能，中风患者只需几次训练就能提高灵活性和能力。用"哈哈哈"代替部分歌词，这样的大笑音乐能刺激声带和两颊的腮帮子。有一次，在演唱《音乐之声》（*The Sound of Music*）中的歌曲《我最心爱的东西》时，一位男士没有唱"哈哈哈"，反而低吟起自己最喜爱的事情！

在许多课程中，我都被笑的力量所震撼。我曾看到一个坐在轮椅上、处于半昏迷状态的老人，随着"呵呵哈哈"的节奏拍打双脚。晚期痴呆症的患者会迎来片刻的清醒——即使没有笑出声，他们也会露出笑容。另一位陷入昏睡的老人也加入了笑声合唱。在最后一声大笑课程后，大家纷纷问我："你什么时候再来？"养老院的员工们热衷于学习如何将大笑变成自己的生活方式，他们发现可以将笑声融入日常的锻炼计划、艺术活动和园艺活动中，利用笑声效应提高老人和自己的积极性，改善情绪和身体健康。一位参与者的女儿开门见山地问我："你对我妈妈做了什么？"这让我措手不及，不禁纳闷：该死，我做什么了？实际上，我做了一件很棒的事，因为消失已久的笑容又回到了她母亲的脸上。事实证明，你可以教一位老人学会新的大笑技巧。无论你是老人还是年轻人，都无法在一夜之间就接纳一种新的思维模式或信仰体系。你需要用心练习，直到它成为第二天性，或者更准确地说，是与生俱来的天性。因为我们已经说过，微笑和大笑都是与生俱来的。大笑瑜伽和笑出健康都会让我们摆脱大脑的控制，直达心灵。

有时，我们需要一些安慰，以减少内心的抵触情绪，允许自己笑，并接受这样的事实：重要的不是为什么笑，而是我们的身心会感到非常"好笑"。如果说笑是通往幸福的捷径，那么刻意大笑则是收获幸福的方法。在人际交往中，大笑能提高自己的振动频率，同时加深我们与他人的联系。正如卡塔利亚医生所说："当你笑的时候，你会改变；当你改变的时候，周围的世界也会改变。"

如果你还没有尝试过，那么我建议你试试大笑瑜伽。无论是线上还是线下的练习，都会成为一个美好的开始。

第 5 章

幽默的力量：从
第六感到心灵疗愈

幽默是人类最大的福气。

——马克·吐温

也许你会认为，幽默感只能决定你对笑话的鉴赏力以及对什么好笑，什么不好笑的判断，但实际上它远不止如此。对于幽默的加工处理能够刺激大脑的多个区域，因此幽默感被誉为我们的"第六感"。经常锻炼幽默感，对生活、恋爱、领导和学习都有帮助。因此，幽默感是笑声效应的核心要素。如果你不是天生的喜剧演员，也不必担心，就像我们所有的感官一样，幽默感也可以通过锻炼获得提升。

幽默（humour）一词源于古希腊医生的假设，即人体受 4 种基本液体（即体液）的支配，它们会影响一个人的健康和气质。欢乐被视为其中的元素之一。

几个世纪以来，无数先贤一直在尝试理解幽默的形式和原因——但他们都很严肃。柏拉图、亚里士多德、霍布斯和笛卡尔认为，幽默是一种优越感的表现。"我觉得我很有趣"，等同于"我觉得我比你强"。后来达尔文也将注意力转向幽默感的研究，他主张一些动物会笑——不止笑翠鸟和鬣狗，甚至还具有幽默感，结果这一观点遭到了嘲笑。精神分析学派的创始人弗洛伊德给人的印象可能是严肃庄重的，但实际上他热衷于笑话和滑稽故事，幽默是他的显著特征之一。关于幽默，弗洛伊德曾提出缓释论（Relief Theory）：大笑可以让人发泄情绪或释放被压抑的"心理能量"。对于被禁锢的心理能量而言，幽默是一个压力阀，它可以提供一种精神上的释放。弗洛伊德的理论认为，所有的笑和幽默都源于潜意识，这是一种健康的防御机制，可以减轻焦虑和情感痛苦。与 20 世纪 70 年代澳大利亚摇滚乐队"天空之城"（Skyhooks）的歌词相反，弗洛伊德认为"自我"（ego）是一个令人反感的字眼，他认为用幽默来应对挑战的人表现出了积极的强大自我。

> 就像玩笑和喜剧一样，幽默具有某种释放性的东西。但是，它也有一些庄严和高尚的东西，这是另外两条从智力活动中获得快乐的途径所缺少的……它在于自我无懈可击的胜利主张之中。自我绝不因现实的挑衅而烦恼，不愿使自己屈服于痛苦。自我坚信它不会被外部世界施加的创伤所影响。实际上，它表明这些创伤仅仅是它获得快乐的机会。

弗洛伊德的理论与哲学家康德和叔本华提出的"乖讹论"（Incongruity Theory）形成对照。乖讹论认为，如果逻辑和熟悉的事物被一般不会放在一起的事物所取代，就会产生幽默——比如夏威夷衬衫配领带。这里还有一个例子。

> 一个人在一栋房子外面看到一个牌子，上面写着：出售会说话的狗。他感到十分困惑，于是走了进去。
>
> 他问狗："你这辈子都干了些什么？"
>
> 狗说："我的生活很充实。我住在阿尔卑斯山，救助在雪崩中遇险的人。然后我在伊拉克为国效力。现在，我每天都去养老院给老人们读书。"
>
> 那人听了大吃一惊。他问狗的主人："你为什么要卖掉这样一条不可思议的狗？"
>
> 主人回答道："因为他是个骗子！他从没做过这些事！"

你是否觉得这个笑话有趣，并不意味着你的"肱骨"（英语"幽默"的谐音）健康与否。并非所有的不协调都是有趣的，也不是所有幽默的情况都会让人发笑。我们已经证明，非幽默的情况也有可能引发笑声。一般来说，幽默可以通过某种行为加以识别，最常见的是大笑和微笑，有时是哄笑和嗤笑。这是幽默与娱乐或享受的区别。

尽管有许多人试图找到关于幽默感的统一理论，但分析幽默感就像分析爱情一样，它们都难以量化。当然，这并没有阻止量子理论学家的尝试。加拿大和澳大利亚的研究人员运用数学框架来理解认知幽默，最终提出了"幽默量子理论"。该理论指出，一个笑话被认为好笑或不好笑的概率，与个人对笑话的理解在一个代表有趣程度的基面上的投影成正比。[2] 不知道你怎么样，反正我听到"正比"什么的就已经迷糊了。

幽默感是一种非常复杂的先天感觉，是一种涉及认知、情感和运动反应的复杂行为。一旦一个刺激被认为是幽默的，它就会引发有意识或无意识的反应，进而导致生理反应（笑）、认知反应（机智）或情感反应（快乐），或者这些反应的综合。[3] 要理解幽默，大脑必须完成两个步骤。第一步是对幽默中的惊喜元素——意想不到的事情——保持敏感。第二步是超越意外，寻找有意义的东西。

神经科学家甚至误打误撞地发现了这种感觉的来源。在研究一位年轻女性严重癫痫的成因时，神经科学家在她的头骨中插入了一个电极。随着电极的插入，这名女性也开始笑得越来越厉害。科学家们没有找到她癫痫发作的根本原因，反而发现了"喜剧中心"——大脑的发笑中枢，这部分被称为"扣带回"。它由白质构成，与大脑中协调情绪的许多部分相连。研究发现，刺激大脑的这一区域可以使人发笑，并引发相应的情绪。[4]

我们之所以觉得某个东西好笑，其原因在于我们的社会、文化和家庭生活经历。正如诺曼·卡曾斯所说："甲之幽默，乙之无聊。"[5] 我认为我的"妈妈"笑话十分有趣，但我的家人却不这么认为。幽默不是一种情绪，但它可以影响我们的情绪。尽管并不是所有的幽默或游戏都会让人发笑，但它会让人的内心产生乐观和积极的情绪。不同的神经递质都会发出信号，就像大脑中出现了一个隔断墙——消极的想法在一边，积极的想法在另一边。

积极的幽默通常与高自尊、乐观和生活满意度相关，并有助于减轻抑郁、焦虑和压力。它是一种充满同情和善意的人性表达。正如罗宾·威廉姆斯所说："有了喜剧，你就可以笑对那些疯狂的东西，你会意识到这一切是多么荒谬，既有痛苦的，又有美好的。有那么一瞬间，人与人彼此相通，你会觉得'嘿，我们都是人'。"但是，消极的幽默（讽刺、侮辱）可能会损害心理健康，带来悲伤而不是快乐。

幽默的多面性可以通过"幽默风格问卷"来理解，该问卷将个人幽默的用途分为四类。其中两类与社会心理健康和幸福呈正相关，其他则呈负相关。这些幽默风格分别是自我提升型、附属型（提升自己与他人的关系）、攻击型（以牺牲他人为代价提升自我）和自我挫败型（以牺牲自我为代价提升人际关系）。在攻击型幽默和自我挫败型幽默方面，男性的得分高于女性。[6]大脑成像研究也表明，男性和女性对幽默的感知不同。

消极的幽默在少数几个领域备受关注，艺术就是其中之一。想想莎士比亚戏剧中那些幽默的讽刺，比如《亨利四世》（*Henry IV*）中的台词："你就像黄油一样胖。"或者更现代的讽刺戏剧、电影和电视节目，它们热衷于用喜剧展现暗黑面：《摩门经》(*Book of Mormon*)、《恐怖小店》(*Little Shop of Horrors*)、《Q大道》(*Avenue Q*)、《制作人》(*The Producers*)、《乔乔的异想世界》(*JoJo Rabbit*)、《葬礼上的死亡》(*Death at a Funeral*)、《南方公园》(*South Park*)、《瑞克和莫蒂》(*Rick and Morty*)、《布莱克书店》(*Black Books*)和《巨蟒》(*Monty Python*)，其中不乏四肢被砍、鲜血四溅的画面，或者一只大脚无情踩踏无名小卒的情节。你的幽默感取决于对这类暗黑嘲讽的喜好程度。讽刺与闹剧、悲剧或喜剧之间只有一条微妙的分界线。

就像手套依手的形状而定型，我们的幽默风格形成比笑声印记的形成稍晚一些，最早在一个人7个月大的时候。幽默感会贯穿一个人的一生，与其说它是一种对趣事的反应，不如说它是一种重要的社交功能。在儿童学习新事物并对周围环境做出反应的过程中，幽默总是相伴左右，它是必不可少的。儿童具有高度的适应能力，能让他们快乐或发笑的事物会如他们的鞋码一样迅速变化。从"躲猫猫"到有趣的动物叫声，再到许多家长担心永远不会结束的"屎尿屁"幽默阶段。

和其他孩子一样，我的儿子也很喜欢那种"屎尿屁"类的幽默。有一件事让我记忆犹新：在我儿子即将上小学的时候，校长对我们进行过一次面试。

和蔼可亲的校长问道："来到这么大的校园，你有什么期待吗？"

"便便，便便，便便。"儿子答道。我感到很羞愧，轻轻推了推儿子，让他好好想想再回答，他抬起头，平静地重复了一遍："便便，便便，便便。"

好在那次面试不是评估，只是走个过场，没过几周，他就穿着超大号制服升入了小学，浑然不知自己"玷污"了我们显赫的姓氏。

幽默感的发展与人类的成长过程高度一致，就像孩子一样，幽默感也会经历青春期。任何不合时宜的事情，比如老师的糟糕发型，或者演讲者语无伦次的发言，都令人捧腹大笑。然后它也会经历性发育阶段。如果现实中的性真如青少年所想的那么有趣就好了。在这一阶段，青春痘和身体的一些部位似乎都会突然凸起来，青少年往往会用幽默来掩饰内心的焦虑。不过，当他们开始在社会等级制度中争夺一席之地时，幽默也会变得有点尖酸刻薄。

就像奶酪一样，我们的幽默感也会随着生活阅历的增加而逐渐成熟。当幽默感变得越来越成熟，越来越能适应生活压力时，孩童时期觉得有趣的事情可能再也不能戳中我们的笑点。在一些情况下，我们试图用幽默来化解困难。此外，幽默还能增强我们的抗压能力，比如面对蜘蛛时。一项研究表明，对于蜘蛛恐惧症，幽默疗法与传统的脱敏疗法一样有效。[7]

我们的抗压能力之所以会提高，可能是因为经常激活幽默感能够让我们保持强大。毕竟，幽默感是一种力量，它被纳入行为价值观（The Values-in-Action）——包括 24 种人格力量与 6 种核心美德。[8] 研究发现，幽默符合所有美德的要求，与人道主义、智慧和卓越的关系更为密切。[9] 幽默能够影响身体、心灵和精神，在"卓越"的类别下，幽默与对美和优点的欣赏、感激、希望、虔诚（灵性）并列（这不足为奇）。幽默是一个人最重要的性格特征之一，也被称为"标志性优势"，幽默的人往往专注于过去、现在和未来的积极方面。这个笑话也许是最好的总结：

过去、现在和未来走进一间酒吧。

这间酒吧叫时态（tense）。[①]

幽默完全存在于我们的意识，而非物质世界，它打破了常规规则。在最黑暗的时刻，在最不可能的地方，也能发现幽默和欢笑的火花。奥地利神经学家、精神病学家、《活出生命的意义》（Man's Search for Meaning）的作者维克多·弗兰克尔（Viktor Frankl）曾在三年内先后被囚禁于 4 个集中营，其中包括奥斯维辛集中营，他的兄弟死在那里，母亲也在那里遭到杀害。在狱中，弗兰克尔并没有听天由命，等待好笑的事情发生，而是与一位朋友约定，每天至少编造一个有趣的故事，讲一讲被

---

① 这是一个双关语，tense 既指时态，也指气氛紧张。——译者注

释放后可能发生的事。尽管肉体一直在挨饿，但他的想象力得到了满足。虽然身在集中营，每时每刻都在承受痛苦，但借助幽默，他可以实践生活的艺术，获得片刻的轻松。尽管他编造的故事指向未来，却影响着当下——人们超越痛苦的当下，展望更有希望的未来。幽默让人们感受到自身的人性光辉——而这正是纳粹竭尽全力要消灭的东西。幽默帮助人们超越日常生活，进入一个不同的境界，在那里，同样的规则不再适用。笑话成为"精神抵抗"的武器。幽默和笑声是一种力量，连希特勒本人也对此颇为关注，他在一次演讲中哀叹犹太人对他的嘲笑。当元首的坦克碾过欧洲时，他可能觉得自己在战场上所向披靡，但他最恐惧的事情之一就是被嘲笑。[10]

可以说，幽默最适合逆境。大屠杀的幸存者讲述了一个拥有幽默感的人如何熬过困境。[11] 无论是漫画、讽刺歌曲还是戏剧表演，它们的诙谐表达都能为人们提供情感上的支持。华沙犹太区和罗兹犹太区拥挤不堪，人人都被恐惧笼罩，喜剧演员和逗乐小丑为人们带来些许轻松。一位幸存者说："幽默不是为了长远的未来，而是为了当下。"只要有笑声，就有希望；只要有笑声，就有生机。在绝望中，人们分享零星的笑声和俏皮话，时不时地讲几个笑话。即使只有短短的一瞬间，它也能让人们回到"一个完整的世界，一个消除了一切人类苦难的世界"。正如作家马克·吐温所写："人类有一件真正有力的武器，那就是笑。"

在轻松美好的生活中，品味幽默并不难。难的是，当生活布满荆棘时，如何捕捉幽默的瞬间，这就是笑声效应。几年前，当我在医院柜台办理住院手续，准备通过手术将肠道重新连接时，我运用了这一理念。我跟护士开玩笑说："我带了两个包来，但只带一个包走。"过了一会儿，她才反应过来，我指的是拆除回肠造口袋。我非常紧张和恐惧，希望用这种方式化解不安的情绪。那几个月我过得很艰难。这么说实在是轻描淡写。我的幽默感近乎失能，因此我需要挖空心思去激活它。我和医院工作人员开玩笑说，之所以选择这个时候做手术，是因为香蕉。一场特大龙卷风几乎切断了澳大利亚的香蕉供应，即使你能找到香蕉，其售价也极其高。但医院的厨房能提供我想要的香蕉。发现其中的乐趣，这让我感觉好多了，分享这些趣事也让护士们感到愉悦。她们笑着离开病房，也可能会将笑声效应传播给下一个病人。

几个月内经历了两次大手术，这对我们全家，尤其是我的孩子们来说，是一段艰难的时光。考虑到这一点，我尽力用轻松的方式对待自己的处境。肠道重新连接后，有人告诉我，恢复正常的第一个迹象是放屁。在这个重大事件发生之前，我的儿子扎克每天都会打电话到医院来，询问我是否放屁。术后第三天，我终于做到了。我迫不及待地拿起手机，向众人分享这个好消息。扎克在电话那头向家里的其他人报告这个消息，我很享受那喜悦的回声："妈妈放屁了，妈妈放屁了！"这充分说明，"屎尿屁"幽默在各个年龄段都很奏效。我的幽默反应刺激家人们做出了同样的反应，他们终于开怀大笑，打破了恐惧和紧张的循环。有时，生活太过严肃，切莫过于认真。作家兼"快乐学家"艾伦·克莱因（Allen Klein）在《幽默的治愈力量》（*The Healing Power of Humor*）一书中写道："有时我们在黑暗中看不见笑的重要性，因为泪水蒙蔽了我们的双眼。"他还进一步断言，"痛苦也许不会消失，但幽默可以减轻痛苦，让人在无助的情况下仍然具有能动性和控制感。"

幽默心理学家史蒂夫·苏尔坦诺夫（Steve Sultanoff）认为："幽默有助于提高幸福感。当我们感到快乐时，抑郁、焦虑和愤怒等其他情绪会随之消失——至少暂时消失——因为我们不可能同时体验快乐、愤怒和恐惧。"负面情绪往往被深藏在内心深处，无法表达。笑和幽默为这些情绪提供了一个安全的出口。

恐惧相当于将身体置于流沙。它让人动弹不得，束缚手脚。将注意力集中在轻松的事物上，可以培养一种更加广阔的成长心态。正如积极心理学教授芭芭拉·弗雷德里克森在"拓展建构理论"中解释的那样，它有助于拓展和构建积极的情绪。该理论的基础是积极情绪的涟漪效应，它可以拓展一个人对事件的认识和反应，构建个人力量和应对技能，从而增强未来的抗压能力。[12] 当我们能够笑对痛苦，或以全新的视角看待痛苦时，与之相关的一些创伤就会逐渐消散。这样一来，当大脑回忆起那些艰难的时刻或生活事件时，就不会感到万分痛苦。我们会想起"放屁的日子"，给那段时光的记忆赋予微笑，而不是专注于身体上的疼痛，或者对肠道可能再也无法正常运作感到恐惧。

在这个过程中，我扮演了启动幽默的主角。如果这则笑话由医护人员来讲，那这就是一场需要经过深思熟虑的冒险，正因如此，幽默在治疗中的应用常常被低估。但一项针对荷兰综合癌症治疗中心肿瘤专家的研究显示，幽默有助于缓解与疾病相关的压力。调查显示，97% 的肿瘤专家都会运用幽默。他们都表示，有时会在会诊过程中大笑，83% 的人体验到了大笑的积极作用。[13]

你可能会想，这是荷兰的研究，难怪他们会笑，但我保证没有使用任何绿叶道具。即使出现了并发症，幽默也能帮助病人面对难题，削弱挑战带来的压力。只不过它未必总能奏效。有时，幽默被认为不合时宜——主要是因为品味差异。但是，幽默能够体现医疗团队人性化的一面，有助于缓解病人情感上的痛苦。它让每个人都能相互理解并建立积极的关系，特别是在病人有意识地选择幽默时。[14] 就像我所做的那样。

这种情况下最好避免黑色幽默（即用危及生命或其他严重的情况开玩笑）。让一个人对他自己的痛苦一笑置之，这种建议十分轻蔑，具有极大的伤害性。必须从病人的个人情况出发。他们是否已经做好了笑对痛苦的准备？喜剧演员史蒂夫·马丁（Steve Martin）曾打趣道："医生上来就告诉我一个好消息——他们要用我的名字命名一种疾病。"

😃 **轻松一刻**

你能否回忆一个利用幽默（引人发笑）缓解压力的经历？

这个幽默来自你还是其他人？

现在回忆这个场景，你对其中哪个方面的印象最深？是压力的方面，还是意想不到的有趣方面？

幽默感需要常识

幽默之美在于旁观者如何看待它。在危机中或危急的情况下，一种幽默是消极的还是积极的，取决于你对这种危机的理解以及它对情绪的影响。让我们把思绪拉回新冠疫情发生之初，当时人们用卫生纸供应不足的问题开玩笑。但是，如果有人因肺炎失去了亲人，那么你对他开这样的玩笑就是在玩火。卫生纸紧缺的幽默与实际的生命损失存在天壤之别。一般来说，悲剧 $+X$ 时间 = 幽默。但在这种情况下，时间的流逝可能还不够。X 是指"黏性成分"，即事件在情感上的"黏性"。史蒂夫·苏尔坦诺夫解释道："与危机有一定距离的个体可能难以有切肤之痛。他们也许能从幽默中得到帮助，因为幽默可以强化他们的视角，并与危机保持安全距离。"[15]

但是，人们大多不希望让自己看起来麻木不仁，或者对重大事件不够认真，因此往往不愿意分享幽默或将其运用到自己的处境中。幽默可能会被视为禁忌，因为在逆境中表达积极的情绪会让人感到内疚，因此在最需要幽默的时候，幽默却缺席了。

我的一位客户在一年内接连失去了双亲。她悲痛欲绝，在长达一年多的时间里，她再也没有快乐过。她认为，除了悲伤，任何事情都会玷污对父母的回忆。她变得呆滞，不再与爱人谈笑。我们共同制订了一个计划。第一步是允许自己感受积极的情绪。她需要接受一个事实，即父母不希望她沉溺于悲痛中。然后，我鼓励她用语言表达并记录与父母一起度过的欢笑时光。在这个过程中，她流下了眼泪，然后我们一起练习微笑和大笑，让快乐重新回到她的生活中。她和爱人一起观看喜剧片，笑声逐渐回到了他们的关系中。几周之后，她的心情好转，与自己和爱人的关系也得到了改善。笑让她从沉重的现实中解脱出来。

当然，向一个经历痛苦、创伤或悲伤的人分享幽默或者鼓励对方运用幽默时，你需要具备一定程度的敏感和常识。幽默具有双面性，我们必须不断评估和反思，确保恰当、适时地运用幽默。如果你需要解释或证明幽默的正当性，那么这种幽默很可能适得其反。已故评论家、记者、作家和主持人克莱夫·詹姆斯（Clive James）曾写道："常识和幽默感其实是一回事，只不过行进速度不一样。幽默感就是常识在跳舞而已。"

案例学习：蠢蠢的死法

我们习惯于运用恐惧策略，通过恫吓的方式敦促人们改变不良行为。20 世纪 80 年代的"死神"艾滋病宣传至今让我心有余悸。然而，还有一种行之有效的方法，既可以吸引注意力，又能影响行为，这种方法就是幽默。将事实与幽默融为一体，一些极具影响力的公共卫生社会营销活动通过这种方式诞生了。在澳大利亚，人们大多对铁路安全的相关信息充耳不闻。后来地铁列车改变了策略，采用广告公司麦肯集团（McCann）设计的广告《蠢蠢的死法》（*Dumb Ways to Die*）。这首歌曲和影片的主要信息是，"在轨道周围做危险行为是愚蠢的"，它引起了人们的共鸣。

《蠢蠢的死法》别出心裁，利用幽默且朗朗上口的曲调和一群可爱的动画人物，就像《海绵宝宝》中的"迷你世界"。这支广告影片老少咸宜，用幽默的手法展现了许多愚蠢的死法："放火烧头发，用棍子戳一只灰熊，吃早就过期的药，用私处当饵钓食人鱼……上网卖掉自己的两颗肾脏，吃一管超级胶水，在外太空摘下头盔……"影片最后是这支公益广告的主题："站在火车站月台的边缘，栅栏放下时开车穿越平交道，穿越月台间的铁轨，这些可能不押韵，但都可能发生，是最愚蠢的死法。"

该视频迅速走红，在 48 小时内播放量达到 250 万次，72 小时内的播放量达到 470 万次，目前已累计播放超过 3 亿次。同名歌曲也登上了苹果公司 iTunes 排行榜的前十名，谷歌公司 Google Play 游戏应用程序推出相应的迷你游戏，3 个月内的游玩次数接近 40 亿次（是的，我没写错），这首歌成为分享次数最多的广告歌。最重要的是，广告播出后，地铁公司发现车站的事故和死亡人数减少了 21%，迄今为止，已有超过 1.27 亿人表示他们受这支广告的影响，因而更加注意轨道安全。不仅仅是运气问题，广告中的诙谐幽默的确改变了人们的生活。

笑声效应不仅能提升个人层面的幽默，还能对集体产生深远的影响。事实上，它甚至有可能改变历史进程！幽默治疗协会（AATH）是一个认真探讨幽默应用的组织，在一次会议上，演讲嘉宾、喜剧演员雅科夫·斯米诺夫（Yakov Smirnoff）讲述了幽默对于维护和平的贡献。斯米诺夫来自苏联，1977 年，他和家人来到美国，当时他 26 岁。幽默成为他的生命线，帮助他跨越东西方文化的鸿沟。他甚至用了一个更好记的姓氏——斯米诺夫，这个姓氏的灵感来自他在美国的第一份工作——在喜剧演员经常出入的卡兹基尔（Catskills）当酒保。

不久之后，他开始崭露头角。一天，他的电话响起，来电者是一个男人，自称里根总统。斯米诺夫过了一会儿才意识到这不是恶作剧。里根总统很喜欢斯米诺夫的笑话，称赞他是"一句话笑话"（one-liner）大师。他认为斯米诺夫是一个完美的喜剧演员，可以在他的冷战演说上缓和气氛。里根总统计划于 1988 年在克里姆林宫举行的莫斯科峰会上发表这一演说。当时美苏两国的政治局势十分紧张。在那种情况下使用幽默技巧是非常冒险的行为。他以斯米诺夫的笑话作为开场白，有其弦外之音。这是一场赌博。在美国自家的客厅里，斯米诺夫通过电视看到了这一幕，惊慌不已。看着一屋子板着脸的共产党人，特别是戈尔巴乔夫，斯米诺夫的恐惧不断膨胀。他的心仿佛跌入地底，他觉得自己完蛋了。但片刻之后，全场爆发出热烈的掌声。他没有考虑到翻译的延迟问题。僵局被打破了。会谈重新开始，接下来就是世人皆知的故事了。

幽默可以转移注意力，无论是全球性问题，还是个人问题，幽默都能帮助人们将注意力从问题上移开。我的父亲在养老院时曾重重地跌了一跤，被救护车紧急送往医院。他看起来就像被黑莓灌木丛缠住了一样，但他头脑清醒，情绪也很不错。也许是摔倒时撞到了头，唤醒了他那被阿尔茨海默病困住的大脑，就像电影《心灵点滴》中的场景一样，他包着纱布垫和敷料，在我的坚持下，还贴上了一些儿童专用的笑脸膏药。这些笑脸让我的注意力从他那满是瘀伤的肿胀脸庞上挪开，也让医护人员发出亲切的赞美和礼貌的笑声。尽管还在急诊室里，但能享受一些轻松愉快的时刻，这让我感到很欣慰。

职场中的幽默

进入职场后，人们往往跌入"幽默悬崖"——无论是笑的频率，还是对趣味的自我知觉，都会大幅减少。詹妮弗·阿克（Jennifer Aaker）和娜奥米·巴格多纳斯（Naomi Bagdonas）在斯坦福大学商学院开设了一门广受欢迎的课程"幽默：严肃的生意"（*Humor：Serious Business*）。他们提到，人们普遍认为，在职业生涯中，轻松有趣没有任何帮助。因此，我们的笑和幽默进入了衰退期——全面幽默悬崖（Global Humour Cliff，GHC），这种危机对于个人来说，相当于全球金融危机（Global Financial Crisis，GFC）。盖洛普民意测验证明了这一点，该调查向来自166 个国家和地区的人们提出了一个简单的问题："你昨天笑过吗？"在16 至20 岁年龄段中，大部分人的答案是"笑过"。23 岁以上的人基本都回答"没有"。到了70 岁及以上，人们的答案才恢复为"笑过"。值得庆幸的是，我们中的一些人比其他人更早意识到这一点。

一个普通人一生有三分之一的时间都在工作，大约要花费90000 个小时。我不确定普通人都指谁，但对挂在悬崖上的人来说，这可是相当长的时间。让传统的工商管理硕士们走开吧，让我们欢迎"欢笑娱乐"（Mirth Blissful Amusement）。在工作上加点笑料可以提高底线，提升工作满意度、绩效、健康和团队凝聚力。

一项基于职场的调查显示，91% 的高管认为幽默感对职业发展很重要，84% 的高管认为有幽默感的人工作更出色。[16] 贝尔领导力研究所（Bell Leadership Institute）发现，幽默感是领导者最受欢迎的两个特质之一，另一个特质是良好的职业道德。[17] 需要注意的是，在热播剧《办公室》中，领导者试图搞笑，结果以失败告终，剧中有很多讽刺、自嘲或调侃他人的幽默方式，如果你想在现实生活中模仿电视剧里的幽默，可能会适得其反。

合理使用积极的幽默是一种后天技能，可以通过练习提高。要了解一个工作场所中的笑点需要花费一定的时间，但做到这一点后，你会获益无穷。幽默不会分散你对重要工作的注意力，反而有助于你完成工作，缓和紧张感并平息冲突，从而激励他人。幽默是团队、搭档和普通同事的"啦啦队长"。善于运用幽默的领导者更能激励他人，并且更受人钦佩。珍妮弗·阿克指出，在这种领导者的带领下，员工对工作的敬业度和满意度提高了 15%，对领导者的评价提高了 27%。[18]

幽默有助于将认知能量从边缘系统或情绪系统转移到前额皮层。这样能够提升思维敏捷性、解决问题的能力、创造力和预测未来的能力。幽默能够建立联结和信任，减少傲慢，使人们更容易接纳反馈（在任何工作场所，这都是一个重要品质）。正如美国前总统艾森豪威尔所说："幽默感是领导艺术、与人相处以及成事之道的一部分。"

如果搞笑不是你的强项，也不必紧张。你可以在工作场所中找一个人来牵头。如果你愿意的话，就让这个"幽默大使"负责制造笑声。神经幽默学家卡瑞恩·巴克斯曼（Karyn Buxman）认为，这是一种明智的做法："幽默是恢复和保持思路清晰的重要工具。当我们感到压力过大时，智力会下降十几个百分点。"因为你的大脑忙于"救火"，根本无法创造性地解决问题。巴克斯曼将幽默的作用称为"认知能力串联"。

欢声笑语也许能解决问题，为公司省去花在组织心理学方面的数千美元开销。面对创造力考验，一起大笑的团队与不笑的团队相比，前者的成功概率是后者的两倍以上。不仅如此。在推销宣传语的最后加一个轻松愉快的句子，可以使客户的付款意愿提高 18%。[19] 幽默可以带来回报——切实的回报。在工作场所，积极的幽默不会惹人反感，反而是提高业绩的关键。想想看，你能挽救多少个即将跌落悬崖的生命。

幽默不仅有助于解决问题，也有助于协助警方处理问题。一项针对犯罪调查员的研究发现，在高压环境中，幽默和玩笑能有效减轻压力，促进团队合作。幽默有助于减轻犯罪调查员的压力，帮助他们完成侦查任务。同时，幽默也是一个"晴雨表"，体现了调查员如何处理这类工作所带来的情感负担。[20] 人们猜测，绞刑架上的幽默是他们首选的幽默方式。

😀 幽默日记

收集并分享能让你开怀大笑的事物，为生活增添幽默感，缓解压力，例如撰写语录、备忘录或收藏有趣的照片。将它们做成日记。当你感到生活索然无味时，翻翻这本日记，或者寻找一些有趣或好玩的东西添加到日记中。多看一看生活中轻松的一面，这会让你的笑容更加灿烂，精神更加振奋。

⚬ 血清素姐姐

问：我不是一个特别幽默的人。我该如何培养自己的幽默感？

答：寻找那些能够激发幽默感的事物，并与同事、朋友和亲人分享——你可以利用社交媒体，也可以向别人讲述你听到的趣事，或者记住一个可以在聊天时引用的笑话。这样可以训练大脑去发现幽默的事件，提高幽默的能力。当你收到越来越多的正面反馈时，你的自信心也会随之提升。

大笑的性别差异

幽默具有主观性，因此我们需要注意个人的幽默风格、文

化差异与性别差异。这是一条放之四海皆准的规则，哪怕到了
太空中也是如此！

在太空中度过几个星期甚至几个月，这是一项孤独的任务。
宇航员要承受许多来自内部和外部的压力——虽然他们不需要
烦恼每天穿什么。一项研究发现，使用积极的幽默后，宇航员
的孤独、抑郁、压力、紧张和焦虑的程度会有所降低，整体健
康水平提升。幽默还能增进团结，增加亲密感、热情和增进友
谊，培养高自尊与乐观心态。这对任何人来说都很重要，尤其
是当你长期与同一个人朝夕相处时。据报道，用幽默的方式来
应对问题还能增进宇航员之间的共鸣，促进沟通。[21]

女性宇航员很少将幽默作为一种应对策略，这与其他有关
幽默的性别差异研究结果一致。一般来说，男性更倾向于使用
幽默，尤其是在工作中。[22] 有经验的宇航员更善于将幽默作为
一种应对机制，而新手往往容易采用问题解决模式。研究发现，
女性在处理幽默时往往会对其进行加工和基于语言的解码。[23] 这
证明了一个观点：男人来自火星，女人来自金星。总之，重力
与庄严结合 =LEVITY（轻松）①。

_____

① gravity 在英语中有两个意思：一个是物理上的引力，另一个是严
　肃性。因此本句含义为在很严肃的环境下，加上物理上的重力，
　可以带来轻松愉快。此句话是一种巧妙的双关。——编者注

对抗地心引力

对抗地心引力能让我们安享晚年。在人生的任何年龄和阶段，幽默都很重要，尤其是步入晚年之后。它是一种重要的应对机制，有助于老人减轻生活变迁、患病和丧失生活自理能力以及亲人离世所带来的影响。到了生命的最后阶段，很多人最遗憾的事情之一就是没有尽情欢笑过。在日常生活中寻找幽默，是天然的抗氧化剂。定期进行 HRT（幽默替代疗法）可以维持快乐激素的水平。正如珍妮弗·阿克所说："就像同时运动、冥想一样！"

通过幽默激发笑声效应，这是一种具有保护作用的、自然且充满力量的反应。幽默感让我们感到轻松愉快，提高复原力和信心，从而更好地应对未来可能发生的事情。与其他技能一样，幽默感也需要经过刻意练习，直到它成为一种本能。如果你无法从一些出岔子的小事中发现乐趣，那么你也难以发现那些大事件有趣的一面。另外值得注意的是，请竭尽全力，防止自己从幽默悬崖跌落。美国作家、出版家、艺术家和哲学家阿尔伯特·哈伯德（Elbert Hubbard）说过："永远不要把生命看得太严肃。无论如何，你都没法活着从那里走出去。"

⌣ 幽默习惯

你可以在生活和工作中培养哪些幽默习惯？请具体说明所需要的条件、涉及的人以及你期望的结果。

一些建议：

→ 在生日聚会之前，组织大家写下关于派对宾客的有趣回忆。你会惊讶地发现，即使人们回忆的是同一件事，他们的表达以及记忆方式也会有所不同。

→ 设计有趣的缩略语来描述你正在进行的事情。

→ 重温你的笑话。

→ 为漫画撰写旁白，并针对日常令人沮丧的情况创作笑话。

→ 分享你在家里或工作中最喜欢的绕口令。

第6章

边玩边笑：探索游戏如何塑造更快乐的生活

治愈身体离不开游戏。治愈心灵离不开欢笑。治愈灵魂离不开快乐。

——凯瑟琳·里彭格·芬威克
（Catherine Rippenger Fenwick）

童心未泯

我们已经知道，笑声效应离不开幽默和笑，而游戏也是必不可少的一部分。人类天生喜欢游戏。即使没有让人放声大笑，游戏也能使身心处于积极的情绪状态。无论是有组织的游戏还是随意开展的游戏，都能开启我们的心智，提升想象力和创造力。游戏在人生的任何阶段都很重要，它有助于社交、认知和情感发展，提升技能与才智。它能够为人们建立社交纽带，因而游戏也是一种人性力量。

遗憾的是，游戏往往局限于游乐场，并且仅限于童年时期。但从进化的角度来看，人类天生就需要游戏。达尔文在观察猿类游戏时发现，猿类在嬉戏时发出的喘气声与人类的笑声具有相同的声学结构，因此，那首戏仿的生日快乐歌应该将歌词

"你看起来像只猴，闻起来也像猴"改为"你看起来像只猴，笑起来也像猴"。在《人和动物的感情表达》（*The Expression of the Emotions in Man and Animal*）一书中，达尔文强调，笑是欢乐的主要表达方式。

儿童在玩耍时不断发出笑声，这能使成年人感到安心，说明一切正常，无须干预。儿童的游戏融合了身体、心理和想象的元素。它对儿童神经系统和大脑网络的发育至关重要。微笑通常是邀请参与游戏的第一个信号，而笑声一般出现在游戏互动期间。群体游戏是最能制造笑声的社交场合。游戏越多，笑声越多；笑声越多，游戏越多！

孩子们一起欢笑，一起成长，因为共同欢笑有助于同步学习。游戏是提升幽默感的兴奋剂，是表达自我的新颖方式。正如爱因斯坦所说："玩是最好的学习方式。"一些科学实验，比如让孩子们用可乐和曼妥思薄荷糖制作汽水炸弹，或者玩泡沫、泥巴和橡皮泥，都属于寓教于乐。游戏是成为一个健全的社会人的基础。

一场危机也有可能带来游戏的机会。在新冠疫情的高峰期，抖音（海外版 TikTok）上出现了许多被隔离的父母，甚至是祖父母，他们把厨房改造成了录音室，甚至还学会了跳爱尔兰舞蹈。游戏和玩乐，尤其是在家庭中的游戏，能够传递出一个明确的信号：虽然外部世界非常糟糕，但我们可以选择自己的应对方式。在跳房子方框以外的地方玩跳房子，这让人们对充满挑战的环境有了全新的认识。父母在客厅里翩翩起舞，其乐融融，传递出轻松的感觉，从而使人产生喜悦、爱和感恩等积极的情绪。游戏利用幽默的方式，教会"大孩子"和小孩子用另一种方法来应对冲突和危机。通过游戏转移注意力或重塑自己的认识，有助于培养个人的复原力。

孩子是天生的游戏家。随着年龄的增长，游戏会更加注重对思维的运用，减少了无意识的玩乐。作为本书研究的一部分，我想从游乐场上寻找答案。成年人大笑的次数少于儿童大笑的次数，其原因是否在于成年人游戏的时间更少？我向一群孩子提出了一个问题："孩子和大人，谁玩的时间更长？"孩子们打量着我，以为我在跟他们开玩笑。答案是显而易见的。他们嗤嗤地笑着答道："大人要工作，因此没时间玩。"我反驳道，成年人也不是一直都在工作，还有别的原因吗？一个微弱的声音插了进来："小孩子更会玩！"这句话暂时给了这个问题一个较为圆满的答案。

收集童年的快乐回忆

让时光倒流，回到你的童年。列出小时候能让你感到快乐的所有事情。让自己做个白日梦，重温这些回忆，好像它们就发生在今天。在重拾快乐回忆的过程中，是否有某个身体部位能够明显感受到快乐？如果有，试着扩大并加深这种感觉。呼吸，微笑，承认这种快乐。

玩笑

　　虽然孩子可能更会玩，但讲笑话的能力会随着年龄而提升，因为与本能的笑相比，它是一种更现代的进化。我的进化明显不足，患有"笑话健忘症"——经常忘记笑料，或者在讲笑话的时候语无伦次。很多人天生就爱开玩笑。弗洛伊德在分析病人时经常讲笑话。他说："一个新笑话就像最新的胜利消息一样在人群中迅速传播。"[1]这个说法完全正确，因为我们看到，新冠病毒疫情暴发的同时，网络上也出现了恶搞的情况，搞笑的模因充斥着社交媒体，与此同时，主流媒体上到处都是令人难过的统计数据。弗洛伊德认为，"笑话是包裹在微笑中的真理"，它有两个目的：一是攻击，比如讽刺；二是通过色情笑话暴露潜意识的欲望。弗洛伊德的理论认为，当一个人的性冲动被严重压抑时，他会更加喜欢色情笑话，以释放心理能量，我们可以从中看到一个人的潜意识。[2]换句话说，对于自己无法通过其他方式享受的东西，笑话提供了一个从中获得乐趣的机会。弗洛伊德通过充分观察发现，听到笑话时大笑的生理反应"导致我们的横膈膜跳动，胸腔起伏，释放心理能量，而这些能量原本压抑着我们对笑话所表达的死亡的焦虑"。[3]

弗洛伊德指出，笑话依赖于讲述者和倾听者之间的交流。如果讲述者和倾听者一起发出笑声，意味着他们都听懂了，这样就能产生一种游戏的友情。在《诙谐及其与潜意识的关系》（*The Joke and Its Relation to the Unconscious*）一书中，弗洛伊德进一步指出："诙谐以游戏为开端，便于自己从无稽之谈中获得愉悦，但最后它又有助于实现那些主要目的，比如对抗压抑，与批判性判断和压迫力量做斗争。"[4]

我不确定他的深刻见解是否适用于常见的或日常的笑话，例如：

> 亚历山大大帝（Alexander the Great）和小熊维尼（Winnie the Pooh）有什么共同点？
>
> 他们的中间名相同。

大多数诙谐的对话和即兴的笑话都源于对日常经验的回应：失误、口误、不协调、社会观察或双关语。但有些时候，这些玩笑话却能切中要害。弗洛伊德认为，这些笑话也许有助于我们从自己身上发现某些新的或重要的东西。几十年后的今天，弗洛伊德仍在鼓舞着新一代的崇拜者，并且催生出新的笑话。说到这里，我想到了一个说法。

弗洛伊德式错误是什么？

当你说一件事的时候，心里想的其实是自己的母亲。

笑话会利用真实的元素，同时掺杂不协调或误导性的元素。你朝着一个方向行走，结果却到了另一个地方。比如，喜剧演员莎拉·西尔弗曼（Sarah Silverman）说："有一天晚上，我先后和两个男人约会。但我以后再也不会这么做了。因为事后我几乎走不了路。一晚上吃了两顿大餐，实在撑得不得了。"

我的婆婆莉莲天生就是笑话达人。她的大脑就是为笑话而生的。多年来，她一直在为我们现场表演《讲笑话的犹太老人》（ *Old Jews Telling Jokes* ）①。笑话就是她那无拘无束、不加过滤的想法的自然延伸。她会问："我跟你讲过罗斯的故事吗？"我回答："是的，说过很多次了。"但这并不妨碍她一而再，再而三地讲述。下面是她常说的一则故事：

有一对退休夫妇，贝蒂和亚伯，他们越来越健忘。有一天他们正在看电视上播出的经典影片，此时一则广告插入，打断了影片的播放。

贝蒂说："亚伯，我要去拿些草莓冰激凌。你想来

---

① 一档电视节目，由60岁以上的犹太老人出演，讲述自己最喜欢的笑话。——译者注

点吗？"

"当然，"亚伯说，"但你必须写下来，不然你可能会忘记。"

"我会记住的。"贝蒂急忙说。

过了很长时间，贝蒂仍没回来。

亚伯对着房子的另一头喊道："贝蒂，你怎么去了这么久？电影已经开始了。"

终于，他听到走廊上响起妻子的脚步声，于是放下心来，重新回到座位上。

贝蒂递给他一盘炒鸡蛋。

他看了一眼鸡蛋，惊呼道："你看，我就说你会忘吧。我的吐司面包呢？"

对莉莲而言，爱讲笑话是个讨人喜欢的特点。比如说，它有助于缓和难免会出现的沮丧的家庭氛围（在另一种生活中，我是一个善于交际的人）。这种魅力就像磁铁一样吸引着陌生人。她的笑话宝库使她内心的童真得以完整保留。

敞开心扉，尽情游戏

游戏是一种精神状态。指挥棒在我们手中。如果没有玩乐的心态，一件事可能会有很多种解释——可怕的、令人费解的、愚蠢的或令人沮丧的，但肯定不是有趣的。我们不是都有过这样的经历吗？当心情不够轻松的时候，没有什么东西能够唤醒那个爱玩的自己。没有玩乐的心态，我们就无法处理富有幽默感的刺激。

游戏可以解放我们，放松我们对于控制的需求，让我们敞开心扉，迎接新的可能性。作家马克·马陶谢克（Mark Matousek）在《写作唤醒：求真、改变与自我发现之旅》（*Writing to Awaken: A Journey of Truth, Transformation and Self-Discovery*）中提道："在觉醒之路上，严肃认真意味着我们要学会如何玩耍。"在游戏的过程中，我们会与更加智慧、热情和富有创造力的自我建立联结，以全新的视角鼓励大脑发现新的可能性。澳大利亚小丑医生、大笑瑜伽师、《呼吸，游戏，大笑》（*Breathe Play Laugh*）的作者戴维·克罗宁（David Cronin）评论道："就像屋内所有的灯都亮起，你可以进入任意一间房间。"

诙谐照亮了我们的大脑——这不仅仅是一个比喻。研究人员利用脑电波检查了参与者在观看搞笑素材时的大脑活动，并发现了一个"笑话中心"——大脑中对幽默刺激做出反应的区域。[5] 研究人员在五分之二秒内观察到，电波分别移动到大脑左半球的大脑皮层和右半球的大脑皮层，前者分析笑话中的词语和结构，后者则进行智能加工。社交情绪反应发生在额叶，视觉信号（微笑）和运动反应（大笑）发生在枕叶。大脑的右半球似乎拥有笑的决定权。如果它因伤病受损，就会影响一个人处理幽默、大笑甚至微笑的能力。[6]

幽默领域的先驱保罗·麦吉（Paul McGhee）博士设计了一个"幽默感量表"，其中游戏是关键。麦吉确定了8个与幽默相关的行为领域：

①享受幽默；②严肃 / 消极情绪；③诙谐 / 积极情绪；④大笑；⑤言语幽默；⑥在日常生活中寻找幽默；⑦自嘲；⑧压力下的幽默。请注意，最后一项能力的培养最难。[7]通过评级系统，我们可以计算出一个"幽默商"（humour quotient），数值越高越好。麦吉认为："幽默感是一种游戏的类型，属于心理游戏或思想游戏。"

游戏有多种表现形式——文字游戏、桌游、网络游戏、笑话、诙谐打趣、体育游戏，不一而足。在有些人身上，游戏意识占据首要地位，而在另一些人身上，游戏意识是一种潜意识。归根结底，游戏与我们的脆弱有关，在游戏中，我们未被驯服的原始自我暴露无遗。一些人认为，被视为愚蠢是羞耻的根源。脆弱是一种普遍存在的特质，我们往往意识不到它的存在，直到某些事情引起我们的注意。美国精神病学家、临床研究员、美国国家游戏研究所创始人斯图尔特·布朗（Stuart Brown）博士认为，歇斯底里地大笑会让我们感到些许失控。暴露爱玩的一面，会将自己置身于舒适区之外。

我们之所以会藏起那个爱玩的自我，原因之一就是避免尴尬和批评。别人会怎么想呢？成熟一点！你看起来很可笑，控制一下自己。或者就像我父母所说的："罗莎琳德，安分点。"只有接纳爱玩的自我，我们才能更加自信地参与游戏。否则，那个爱玩的自我可能会一直躲藏——被困在永无止境的捉迷藏游戏中。

埃莉诺·罗斯福（Eleanor Roosevelt）具有深刻的洞察力，她明确表示："当你第一次痛快地嘲笑自己一番时，你就长大了。"人类不是机器，无论是婴儿还是成年人，都需要被激励。尽管人们普遍认为，工作中适当的幽默可以安全地表达我们的脆弱。但遗憾的是，在当今文化中，自我价值往往与个人的工作效率联系在一起，因此，把时间花在游戏上似乎会适得其反。在苹果手机问世的几十年前，即20世纪初，哲学家伯特兰·罗素（Bertrand Russell）在《闲暇颂》（*In Praise of Idleness*）中写道："过去人们有时间休息，而现在由于讲究效率，对此就有了一定的抵制。"看来与过去相比，我们现在反而倒退了。

案例学习：安全飞行靠的是机翼、祈祷，还有幽默！

多年以来，我经常乘飞机出行，其中一次飞行经历给我留下了深刻的印象。不是因为乱流，也不是因为坐立不安的孩子猛踢我的座椅后背，而是因为笑话。美国西南航空公司采取了一些另类做法，使乘客的表情不再严肃和焦虑，取而代之的是笑容和笑声。该公司的企业文化是为飞行增添趣味，这不仅针对乘客，也针对公司全体员工。公司格言中有这样一句："放松一点，乐在其中。"他们以谦逊为旗帜列出价值清单，"别把自己太当回事儿，保持清醒头脑"，我最喜欢的一句是"不要做一个混蛋"。

大约 40% 的人会对飞行感到焦虑，其中 2.5% 到 5% 的人有严重焦虑，因此将诙谐和欢笑作为飞行服务的一部分，是很有意义的做法。对美国西南航空来说，这些笑料也有重要的商业意义，一家独立咨询公司发现，在安全演示中穿插几个笑话，每年可带来 1.4 亿美元的收入。[8] 比如下面这个笑话，每周讲 7 次，每次能带来 0.02 美元的收益："请先给自己戴好氧气面罩，然后再去帮您的孩子佩戴。如果您和几个孩子一起旅行，现在最好想好您最喜欢哪一个。"

虽然这些幽默未必符合所有人的喜好，但乘客彼此相邻，可以提高笑声的感染力，至少会活跃气氛。机长的欢迎词充满了幽默感："女士们，先生们，欢迎乘坐西南航空公司飞往丹佛的航班。等我看完飞行手册第 10 页，我们就要起飞了。"空乘人员呼吁争先恐后的乘客将行李放进头顶行李舱，并开玩笑说："如果行李舱放不下您的行李，我们很乐意帮您把它放到易贝（eBay）上。"

甚至在飞行结束时，一位行李搬运人员还会弹奏尤克里里来调和气氛，他说："没有人能在听到尤克里里的琴声时皱眉头。"

不仅是笑话，西南航空也是"笑声效应"的完美体现，我这么说可不是为了免费乘坐飞机。2021 年，大多数航空公司还在为新冠疫情而惶恐不安，并收紧财务支出，而美国西南航空通过鼓舞人心的"百万善举"活动来庆祝首航 50 周年，并将美国西南航空旅行奖捐赠给 52 个在社区内倡导善举的组织。

公司也将这种做法延伸至员工，例如在公司通讯中表扬员工，在员工会议上传达首席执行官的表扬信息，在晚宴上用可伸缩式发射架（其实不是）盛放餐食，以表彰优秀的员工。通过社交媒体或其他通信方式收到的客户表扬会转发给员工及其经理。公司平均每月收到的赞美之词有 7000 多条，在大多数航空公司被日益增多的投诉所困扰的情况下，这实在是令人赞叹的成绩。[9] 难怪西南航空公司的自愿离职率仅为 2%，并被评为客户投诉数量最少的航空公司。如果说态度决定了高度，那么美国西南航空公司就是在高空翱翔。在我看来，他们唯一欠缺的，就是还没有成立一个"高空微笑俱乐部"。

将职场变成游乐场

斯图尔特·布朗博士强调了游戏的无目的性，这也是许多公司认为游戏浪费时间的原因。但游戏并不意味全公司一起玩"大富翁"，直到卖出所有的房子，有人被关进监狱。那些好玩的微小互动才是游戏的主体。它能激励我们继续完成手头的工作，特别是在遇到障碍的时候。它能帮助我们实现目标，无论目标大小，同时刺激多巴胺的释放。游戏互动让我们的理性思维有了休息的时间。有意识地游戏互动还能增强彼此的共鸣，建立信任。澳大利亚一项针对 2500 名员工的行业研究发现，81% 的人认为有趣的工作环境可以提高工作效率，93% 的人说工作中的欢声笑语有助于减轻工作带来的压力，55% 的人表示，如果能够增加工作中的乐趣，他们愿意少拿一点薪水。[10] 首席执行官或财务总监们可能需要注意一下——但请不要将此作为克扣薪酬的借口。

近几年，工作场所已经变成了狗的天下。我是说，越来越多的公司鼓励员工带着宠物狗上班。六月甚至还有一个"国际带狗上班日"（Take Your Dog to Work Day）。有什么能比一个四条腿的朋友更能刺激玩耍、游戏和快乐呢？它们有助于缓解压力和焦虑，因为它们的亲和力和气味具有魔力，能够降低皮质醇，刺激催产素和其他有益健康的激素分泌。狗狗是一个很好的借口，让我们可以适当犯傻，显露内心的童真，还能让我们看到同事爱玩的一面。一个严厉的上司遇到一个顶着湿漉漉的鼻头、不停摇尾巴的小家伙，可能会变成一个"风趣的存在"，而不是一个粗暴的人。工作场所的狗狗让人们不再害怕脆弱。

⚛ **血清素姐姐**

问：除了严肃的拼字游戏，我天生就不爱玩游戏。只有跟孩子们在一起玩时，我才觉得没有那么难为情。怎样才能变得更爱玩并且不会觉得自己孩子气呢？

答：很少有人愿意跳出自己的舒适区。慢慢来，选择你的"玩伴"。孩子不会对他人评头论足，如果你觉得在他们面前表现自己爱玩的一面不会那么难为情，那么你可以从他们开始。也许你觉得犯傻是一件坏事，但事实上它对健康有益。也许你会觉得奇怪，其实傻和蠢是两码事，适当犯傻可以让你释放压力，提高创造力，改善情绪。请记住，游戏有多种形式——体育游戏、正式的游戏，乃至智力游戏。更加成熟的家伙可能不喜欢傻里傻气的话，你可以当着他们的面尝试一些诙谐幽默。

　　我曾屡次目睹"脆弱恶魔"，尤其是在为公司职员组织的大笑瑜伽课程上，他们别无选择，无处可逃，无处可藏。有时我在想，如果我让人们脱掉层层衣物，只穿内衣——众所周知，这么做很容易触发脆弱——他们是否会降低对大笑和游戏的抵触情绪。另一位布朗博士——休斯敦大学的著名教授布琳·布朗（Brené Brown）——对勇气、脆弱、羞耻和同理心进行了大量研究。她认为，笑是羞耻复原力（shame resilience）的重要组成部分。对许多人来说，笑不但不能连接和促进有意义的人际关系，反而会切断人际关系，滋生恐惧。摆脱羞耻感需要同理心，而同理心离不开同情。直面脆弱需要巨大的勇气，但它能为我们开启一扇门，让我们可以尽情欢笑和游戏，不必担心被人评头论足。

职场游戏

"两句真一句假"是一个有趣的破冰游戏，将幽默和脆弱巧妙地融合在一起。将这个游戏纳入会议或"康乐日"，请团队中的每位成员说出关于自己的两个真相和一个谎言。团队的其他成员需要猜出哪句话是谎言。

心理学家迈克尔·热尔韦（Michael Gervais）博士认为，限制一个人发挥潜能的最大因素之一，就是在意他人的评价。热尔韦博士认为："我们总是谨小慎微，因为我们不知道被批评后会发生什么。"[11] 没有比感到尴尬更糟糕的事情了。被嘲笑会让人产生羞耻感。正因如此，有时温和地进行一次充满愉悦的呼吸，就可以减轻恐惧。没有人会因为自己的呼吸方式而受到谴责。在团体大笑瑜伽中，人们得到默许，可以披头散发彻底放松（包括秃头的人），然后大家会一起呼气。卷起袖子，松开温莎结，羞愧和脆弱之墙轰然倒塌，人们在游戏中放松下来。

你所抗拒的，会持续存在。如果你不尊重爱玩的自我，他就会像一个三岁的孩子那样不断发脾气，直到你允许他玩耍为止。根据我多年的观察，有很多"三岁小孩"都被套上了西装！是时候让职场变成游乐场了。

玩转学习

作家玛丽·凯·莫里森（Mary Kay Morrison）是幽默治疗协会下属幽默学会（Humour Academy）的创始人之一，她为那些严肃的人起了一个专属名称——"幽默杀手"（Humordoomers）。作为一名教育工作者，莫里森发现游戏和笑能最大限度地提升学习效果。她认为，即使是非常厌学的人，也能从笑声中受益。迈阿密大学心理学教授、《大笑指南》系列（*The Laughing Guide to* Series）的作者艾萨克·普里莱尔滕斯基（Isaac Prilleltensky）也赞同这一观点，他认为，积极情绪可以激发创造力和提升解决问题的能力，因此我们的确会"在笑声中变得更加聪明"，因为当我们玩得开心时，大脑发育得最快。

莫里森解释说，运动有助于调动注意力，而注意力可以推动学习——这就可以解释为什么别人可能不记得你说了什么，但会记得你的话给他带来的感受。如果有什么东西让我们措手不及，我们也会增加对它的关注，这正是游戏和幽默的作用。七十多岁的莫里森是我认识的非常有趣的人之一，或许是因为她是一个荡秋千高手。我知道这一点，因为我曾和她一起荡过秋千。哈，不是你想的那种秋千，而是将一个座椅用绳子吊起来。她的房子里有 11 个这样的秋千，她一有机会就坐上去玩一会儿。莫里森恪守的信念是：每天都要抽时间来玩！如果你不知道玩什么，就想一想小时候喜欢玩什么。

另一个拒绝严肃的成年人是 88 岁的作家兼幽默大师莱尼·拉维奇（Lenny Ravich）。年轻时，他几乎一直在压抑情感，并且对此毫无意识。脆弱和男子气概放在一起，就像你穿着花袜子和露趾凉鞋去参加一场正式晚宴。一次格式塔疗法（gestalt therapy）改变了拉维奇的内心情感格局，暴露出他的脆弱。随着情感的释放，他改变了自己的生活方式。他发现了 4 种普遍存在的根本情绪：愤怒、高兴、悲伤和恐惧。只要注意到这些情绪在身体中的表现，它们就会逐渐平静下来。他解释说："就像一个孩子一直在拉扯你的袖子，其实只要满足他的需求，他就会停下来。"

拉维奇讲述了一个故事。作为老年人的好处之一是可以坐在公共汽车的前排。有一次在他的家乡特拉维夫，拉维奇上车后匆忙坐到另一位老人旁边。结果，他肯定地说，那位老人变成了一个龇牙咧嘴的吸血鬼，训斥拉维奇用背包打他。这样的反应让拉维奇感到愤怒。他本可以厉声反驳，大吵大闹，这样做很可能会引起其他乘客的积极附和（在以色列住过一段时间的人都会明白我的意思）。但他也可以温柔地道歉、不予理睬，或者再打他一下。然而，意识到胸中的怒火以后，拉维奇想到了一个更有趣的办法。他举起自己的包，盯着它的坚硬表面，一边捶打一边说："你这个淘气包，淘气包。"起初，他感到很不安，不确定自己的做法会引来怎样的回应，但他很快就与对方建立了亲密感。龇牙咧嘴的"吸血鬼"变成了面带微笑的朋友。他们的情绪都从愤怒变为高兴。看着拉维奇闪闪发亮的双眼和温文尔雅的举止，我知道，几十年来对情绪的反思显然奏效了。

☺ 写日记

→ 你可以通过哪些方式让内心的小孩自由表达？包括活动、有利的人际关系等。

→ 当你放纵的时候，是否会感到内疚或羞愧？如果是，思考对自己说些什么可以减少脆弱感。例如，我允许自己尽情地玩。

→ 如何在日常生活和工作中融入游戏和乐趣？列一个清单，说明你实现这些目标的具体步骤。

人们往往会采用游戏的方式解决养育子女或照顾婴儿时遇到的冲突，却很少将其应用于成人之间的互动。随着年龄的增长，我们开始相信，严肃地传递信息会更加有效。幽默风趣的方法未必适合所有情况，但莫里森的实践证明，它是教学的

"最佳伴侣"。即使是最枯燥的学科，"笑声效应"也能为其增加乐趣。

在读本科和公共卫生硕士期间，我有幸学习了一门"长相思型"（Sauvignon Blanc）[①]学科——统计学。在美国幽默治疗协会的一次会议上，时差综合征让我头昏脑胀。一个演讲结束后，我还没来得及从座位上站起来，就欣喜地发现下一个演讲者是一位生物统计学教授。我打了个哈欠，心想：这下可好了。我原本想打个盹的，现在计划泡汤了。约翰·霍普金斯大学的荣誉退休教授罗恩·伯克（Ron Berk）伴随着《星球大战》（Star Wars）的背景音乐突然登台，用他那风趣幽默的演讲缓解了我的时差反应。

这就是笑声效应的作用。它能创造一种轻松的心态，让大脑为学习做好准备。合理利用幽默和游戏，可以吸引和维持学生的注意力，减少学习焦虑，提高他们的参与度，强化学习动力，从而提高学生的学习成绩（尤其是统计学这类学科）。[12] 对于一些"问题学生"，幽默可以开启与他们的社交互动和对话，激发他们在社交或学习方面做出更加积极的反应。它还可以增加学生与教师之间、学生与学生之间的互动，让内向的学生也能畅所欲言。[13] 自我调侃式的幽默可以让学生看到，老师也会犯错，并乐于和

---

① Sauvignon Blanc 是一种葡萄品种，酸味重，香味浓，主要用于酿造干白葡萄酒。——译者注

全班分享这些经验。但有一点不言而喻，在教学中运用幽默的时候，切勿以冒犯或不顾他人感受的方式取笑别人。

有时，寓教于乐的方法可以带来令人惊讶的效果。一项研究发现，一个在三年前患上缄默症并拒绝上学的 15 岁孩子，终于在游戏的帮助下敞开了心扉。一段时间之后，患者可以借助游戏和治疗师相互交流。[14]

2021 年，澳大利亚大笑瑜伽领袖和教育家安妮·哈维（Annie Harvey）在早教中心推行"咯咯笑游戏"（Giggle Game），它由大笑瑜伽的活动组成。几个星期后，一个来中心两年多仍未开口说话的女孩要求参加"大笑游戏"。这为她今后的语言交流奠定了基础。

在这两个案例中，游戏带来的欢笑融化了冰冷的沉默之墙。游戏可能会带来变化，因为它改变了我们体验世界的方式。在这一点上，作家兼教育家苏斯（Seuss）博士做到了极致——"从那里到这里，从这里到那里，欢乐的事情在世界的每个角落里。""一条鱼，两条鱼，红色的鱼，蓝色的鱼。"每个孩子都可以通过这种方式学习数数和颜色。

但有些时候，在学习环境中运用"笑声效应"会使全班陷入混乱，这为班里的活宝提供了绝佳的表现机会。虽说幽默几乎是班级活宝的普遍特征，但其中很多孩子也表示自己对生活的满意度较低，对学校活动与生活没有多少热情。扮演活宝可以掩饰痛苦和不安全感。或者像玛格达·苏班斯基（Magda

Szubanski）在其饱含深情的回忆录《反思》（*Reckoning*）中所说："就校园政治而言，班级活宝的身份相当于一种外交豁免权。我终于安全了。"据统计，担任这一角色的男生多于女生，班级活宝的行为可以吸引更多朋友，但班级活宝在课堂上也会做出更有攻击性的行为。

用游戏渡过困境

小丑具有双面性格，因此他们未必都像帕奇·亚当斯那样适合穿大号的鞋子和夸张的袜子。医疗小丑具有一定的特殊性，他们在世界各地的儿科病房里表演，不仅仅是为了博人一笑，更是为了提高治疗效果。在以色列，每家医院都有专门的"梦想医生"（Dream Doctors）团队。他们处在冲突最前沿，是最先做出响应的人，无论面对的儿童及其家人是巴基斯坦人还是犹太人，也不管面前是受害者还是加害者，他们都会做出滑稽表演，以胡言乱语作为通用语言，与这些人建立联系。他们会证明外表不能代表什么，借此帮助人们释放情绪。无论是戴着阿拉伯头巾还是犹太帽，抑或画着彩绘小丑脸，他都是一个人。

无国界小丑顶着球状的红鼻子，在难民营、冲突地区和其他需要人道主义援助的地方表演各种戏法，播撒幽默、欢乐和笑声。他们的作用越来越重要，因为全世界有超过 1% 的人口在境内流离失所、沦为难民或者寻求庇护，其中近一半是儿童。[15] 无国界小丑利用笑声效应为不同年龄段的人减轻压力，为他们带去快乐，帮助这些绝望的人们应对困境，重新燃起生活的希望。

还有另一个"失落"世界，即养老院。养老小丑走进养老院，通过游戏、歌曲、舞蹈、回忆和即兴表演，展示他们独有的无厘头技能，强化积极的互动。真希望我父亲所在的护理中心也有养老小丑。阿尔茨海默病让他褪去了严肃的外表。在晚年，父亲经常展露内心的童真，他享受着顽皮的时光。但并不是每个人都如此。在我主持的一次"放声大笑"活动中，有一位参与者缄口不言，面无表情，她告诉我，自己不会参加，因为这个活动太傻了（肯定是其他人让她参加的，因为她得到了参加许可）。她身着剪裁合体的套装，端端正正地坐在那里，膝上放着笔记本，表现出一种旧日的职业风范。我告诉她，如果不想参加可以离开，但我能感觉到她的好奇。对于那些轻松愉快的活动和游戏，她表现得犹豫不决，于是我加入了"挠痒痒怪"游戏。我鼓励大家摆动挠痒痒怪的手指——假装做出挠痒痒的动作——但不要真的触碰彼此。渐渐地，笑声效应吸引了这位严肃的女士。在大家的欢声笑语中，她仿佛穿越时空回到了童年，脸上的皱纹逐渐舒展开来，神情也变得轻松起来。快乐和抑郁都能传染。事实就是如此。

之所以选择挠痒痒怪游戏，部分原因在于挠痒痒是一种与生俱来的进化行为。达尔文发现，这是灵长类动物的一种社交手段，不仅人类与灵长类动物有这种行为，老鼠也有同样的行为。[16] 玩耍 + 给老鼠挠痒痒 = 放声大笑的老鼠！加利福尼亚大学圣迭戈分校的研究人员制造了一台挠痒痒机，他们发现挠痒痒引起的大笑与情绪反应产生的大笑来自大脑的不同部位。[17] 他们还发现，有些动物会用自己的某些身体部位玩游戏，如果给这些部位挠痒痒，比如腋下，大笑的反应会更加强烈。然而，无论是灵长类动物、老鼠还是人，都不能给自己挠痒痒。即使你用别人给你挠痒痒的方式给自己挠痒痒，你也不会笑。为什么呢？因为缺少了最重要的游戏维度与惊喜元素。你可以在自己身上试验一下。

在生活中，诙谐有趣不一定专属于轻松愉快的时刻。如何在笑不出来的时候发挥笑声效应，这才是考验。我父亲的葬礼就是这样一个场合。悲伤笼罩着我。我需要在葬礼上致悼词，但我无法做到庄严的悼念，唯一能抑制泪水的办法就是利用笑声效应。这种风格也反映了父亲曾经的为人，以及我们的父女关系——充满诙谐的戏谑、爽朗的笑声以及对彼此的爱。

我开始讲述父亲很多不为人知的过往。只有少数几个特别要好的朋友才知道他在彭特里奇监狱（Pentridge Prison）[①] 度过的时光——他参加了一支访问辩论队。这引发了第一轮笑声。房间里的紧张气氛渐渐散去，我受到鼓舞，开始讲述他如何通过

---

① 位于澳大利亚墨尔本的彭特里奇监狱始建于 1850 年，于 1997 年关闭，现今已改造成一处著名的旅游景点。——译者注

制作木雕来排解未能成为外科医生的沮丧之情。有一天，他自豪地向我们展示最新的雕刻作品——一个用红色丝带包裹的完美立方体。以往我们只能远远地欣赏，但这一次，父亲让我将立方体放在地毯上，然后绕着它走了一圈。他颇为顽皮地祝贺我绕着街区（block①）走了一圈！屋里传出更多笑声。就这样，欢乐与悲伤的泪水交织在一起。

在俏皮的对话中，我的悲痛之情在某种程度上得到了缓解，父亲的精神得以延续。在接下来的几个星期里，这样的方法让我与家人和爱人可以轻松地对话，并帮助我摆脱了悲伤的控制。有关悲伤和幽默的研究也为我的经历提供了理论支持。丧亲之痛过后 6 个月，那些自述经历过大笑时刻的丧亲者的愤怒和痛苦减少了 80%。发自内心的大笑能使丧亲者更加积极乐观地生活，同时提高他们对人际关系的满意度。[18]

无论多少岁，通过游戏产生的笑声效应都能使你的心灵得到放松，唤醒内心的童真。有意识地组织游戏，去释放积压在内心的笑声。它能增强大脑的创造力，还能增进亲情。让欢乐重回你的生活。放下对他人评价的顾虑，每天想办法去玩耍。孩子们在这方面没有垄断权。正如爱尔兰剧作家萧伯纳（George Bernard Shaw）所说："我们不是因为年老而停止玩乐，我们是因为停止玩乐才会变老。"

———————

① 此处是一个双关语，block 既指街区，也指立方体。——译者注

第 **7** 章

如果你微笑，世界会与你一起微笑

我们永远都无法得知一个简单的微笑能带来的所有美好。

——特蕾莎修女

只要想到微笑，我就会嘴角上扬。这条简单的弧线里蕴含着美好。微笑是大笑的无声姐妹，它能在瞬间消除消极情绪，同时为人们带来充足的幸福感。它转瞬即逝，却意味着社交联结。微笑是一种生存进化机制，其目的是增加母亲与婴儿之间的互动和联系。

也许你还记得，我们在第 1 章讲到，达尔文对大笑科学产生了浓厚的兴趣，并一头扎进研究之中。无独有偶，他也是研究微笑进化本质的第一人。他在全球进行探索，注意到微笑的普遍性质不同于语言交流或肢体语言，后者因文化而异。达尔文观察到，眼睛周围的肌肉不受自主控制，这可以解释为什么我们很难假装一个令人信服的微笑。通过观察，达尔文得出结论：人类微笑与灵长类动物牙龈向后拉伸露出牙齿的样子相似。他研究了自己和别人的宠物，并得出结论：狗确实会笑，这对爱狗人士来说是个好消息。

杜彻尼微笑

达尔文曾与神经学家杜彻尼合作，后者发现了"杜彻尼微笑"：笑起来眼睛眯成一条缝，眼角皱起鱼尾纹，一般情况下这种笑容会被视为真心快乐的体现。达尔文根据杜彻尼的照片得出结论：微笑与幸福有关，而大笑与娱乐有关。在《人和动物的感情表达》中，达尔文进行了相关阐释："当一个人心情好时，其表情与悲伤时的表情完全相反……喜悦时，他的面部横向伸展；悲伤时，他的面部纵向拉长。"

达尔文认为，微笑和大笑都可能导致流泪，它们源于相同的神经通路，但现代研究已经否定了这一观点。此外，微笑是无声的，而大笑是有声的，两者也具有不同的视觉特性。[1]

微笑可以是热情的、真诚的、戏剧性的或自发的。杜彻尼的名字往往与真诚、真挚和发自内心的微笑联系在一起，他本人也有一段令人愉悦的诗意描述：

新生儿的灵魂没有任何情感，安静状态下往往没有面部表情……但是，当婴儿能够体验感觉并开始记录情绪以后，面部肌肉就会在他的脸上勾勒出各种情感。经过这种初期的"灵魂体操"，最常用的肌肉变得更加发达，它们的张力也相应增加。[2]

我曾浪漫地认为，杜彻尼是"微笑之父"，从未想过他是如何取得这种成果的，但我确信那肯定是一种幸福快乐的方式。我想象他坐在巴黎路边的咖啡馆里，品尝酥脆的羊角面包，向每一个路人微笑，向他们传递温暖。如果没有他对微笑的研究，谁知道我们会怎么样呢？当然，如果没有杜彻尼微笑……

杜彻尼是一个非常务实的人。起初，他为了研究去寻找刚被斩首的革命者头颅，直到有一天，他在自己工作的巴黎萨尔佩特里埃医院（Salpêtrière hospital）遇到了一位病人。这个小伙子穷困潦倒，牙齿已经全部掉光，他患有麻痹症，面部感受不到疼痛。这样一个人成了杜彻尼的"缪斯女神"。在随后的几年里，他在这个倒霉蛋和其他被试者的脸上使用电子设备，用各种各样的方式扭曲他们的脸——面部变形要持续足够长的时间，才能让相机拍摄下来（请注意，这是 19 世纪，相机拍摄需要很长的曝光时间，以防止照片模糊不清）。他发现了大约 60 种表达不同情感的面部表情，每种表情都要依赖一组面部肌肉。只有一部分表情转化为与积极情绪相关的愉悦微笑。至于那些倒霉的实验对象——恐怕他们的所有表情都是在人为操纵下做出的。

杜彻尼的革命性研究发现，微笑涉及两块肌肉的收缩。主要是颧大肌，它位于脸颊，能够牵动嘴角形成微笑。如果与眼周的眼轮匝肌运动相结合，脸颊就会被拉高，大多数情况下会形成皱纹，眼睛也会变得更加明亮（顺带一提，皱眉、蹙眉所涉及的主要肌肉是皱眉肌——这又是一个绝妙的术语）。

达尔文观察到面部反馈回路，即面部表情会影响你的情绪状态，因此看到一个满面笑容的人时，我们很难皱眉头，因为镜像神经元开始放电并连接，抑制了我们对面部肌肉的控制。

微笑研究

值得庆幸的是，现代研究者在研究积极情绪时不需要再用被砍下来的头颅。心理学家保罗·艾克曼（Paul Ekman）进行了一项了不起的研究，编制出微笑分类法。在一个项目中，研究人员向来自五大洲的参与者展示了不同的面部表情照片，然后要求他们判断每个表情所表达的情绪。大多数人对一系列情绪的判断是一致的，包括欢快、高兴、开朗、愉悦、满足、满意、喜爱和调情。除了微笑，照片中还展示了尴尬、羞愧、优越感和悲伤等表情。[3]

埃克曼的分类法反映了人类经验的广度。人的一生都在对各种有生命或无生命的物体微笑——宠物、美丽的夕阳、孩子或伴侣。《小动作的惊人力量》（*The Astonishing Power of a Simple Act*）一书的作者罗恩·古特曼（Ron Gutman）说，超过三分之一的人每天微笑 20 次以上，只有不到 14% 的人每天微笑不足 5 次。另外，儿童每天的微笑次数多达 400 次。这个统计未必 100% 准确，但毫无疑问，儿童会更加频繁地微笑，正如他们也会更加随意地大笑。

大多数微笑发生在问候与离别时，这与交谈中的大笑截然不同。每个人都有自己的笑声印记和幽默风格，同样的，每个人也有自己的微笑声印记。微笑声印记能在很大程度上反映我们的情绪状态，我们和谁在一起，以及我们在做什么。微笑是一种面部反馈回路，也是最容易识别的面部表情——即使在一定距离之外也能看见。微笑对微笑者和"接受微笑者"都能产生积极的影响，因为它能触发快乐激素的混合物，让人体系统开始分泌 DOSE，从而瞬间改变我们的心情。

微笑不仅是一种内在奖赏。电脑巨头惠普公司进行了一项研究，心理学家戴维·刘易斯（David Lewis）博士和他的团队研究了微笑的最大作用。通过电磁脑扫描仪和心率监测器发现，根据你所看到的不同人的微笑，它对大脑的刺激最大相当于2000 块巧克力的作用！在这项研究中，看到孩子的微笑给大脑带来的刺激最强烈，相当于 2000 块巧克力。爱人的微笑价值约为 600 块巧克力，朋友的微笑价值约等于 200 块巧克力。[4]

大脑的显著变化表明，看到生命中重要的人对自己微笑，同时我们也回以微笑，如此一来便能触发强烈的情感。刘易斯认为，这是一种"晕轮"效应，它能帮助我们更加清楚地回忆起其他趣事，使我们感到更加乐观、积极，并且更有动力。这是一个非常美好的晕轮。后续的调查发现，与性爱、吃巧克力或购物相比，看到微笑更容易让人产生短期的兴奋感。让零售疗法、性爱疗法或甜食疗法统统走开吧。

政治家或想成为政治家的人请注意。很多东西都可以伪造，但微笑无法伪造。在这项研究中，政治微笑被评为"最差的微笑"——其次是王室成员的微笑——特别是说到微笑与信任的相关性时。微笑的重点在于真实。发自内心的幸福笑容是一种明确的互动邀请。难怪政客们会在选举前与婴儿合影留念：如果说他们能赢得什么，那就是孩子的微笑!

微笑收益

在零售业，露出洁白的牙齿可以为你带来丰厚的回报。如果一位员工看起来心情愉悦、全身心地投入工作，那么这种愉悦感将传递给购物者，从而对成交产生积极的影响。在发现其背后的科学依据之前，我就已经意识到了这个事实。就我个人而言，如果店员对我态度冷漠或者不屑一顾，我会马上离开这家商店。另外，面对不苟言笑的购物者，丹麦一家超市也想出了应对之道。这家超市对自动门进行了设计，只有感应到微笑时，门才会开启。没有微笑就不能购物。最终结果就是，超市的过道上全是笑盈盈的顾客。

微笑不仅限于个人生活，它还渗透到我们的工作环境中，影响着我们的人际交往。当你微笑时，你看起来更加讨人喜欢，并且显得更有礼貌，能力更强。[5]

案例学习:"时笑量"

与大多数地方的市政府一样,澳大利亚墨尔本的菲利普港市也非常重视居民需求,甚至还会采取一些非常规手段来满足居民的需求。2005 年,菲利普港市就社区居民的友好度和凝聚力进行了民意调查。几乎每个人都表示,希望自己的社区更加友好,并指出他们在街道上遇到其他人时,很少会进行互动。人们在街上擦肩而过时不会彼此微笑,甚至还会低下头或者望向远处。因此,旨在提升社会凝聚力的项目"时笑量"(Smiles per Hour,即每小时微笑数)就此诞生。

(您已进入每小时最少微笑 10 次区域。您所在地区正在实施可持续社区进展指标项目。如您需要了解更多信息或担任"微笑密探",请致电或访问"时笑量"项目)

这个项目每年进行三到四次，接受过培训的志愿者会化身街区"微笑密探"，在街道的某个地段行走 15 分钟，抬头挺胸，面无表情。他们会对街道上来往的所有路人进行计数。当志愿者与路人相遇时，他们会统计那些对自己微笑、点头或做出其他积极问候的路人数量。那些积极问候的路人数量与经过志愿者的路人总数之比（换算为百分比），就是这段街道"时笑量"得分。最高分为 100，最低分为 0。"时笑量"的街道标志将张贴在街道最显眼的位置，并且鼓励居民成为"微笑者"、非官方的"微笑训练员"或正式注册的"微笑密探"。社区、街道和购物中心可以竞争"最友好社区"、"最友好街道"和"最友好的购物中心"等非正式的称号，借此展开友好竞争。

近 7 年来的数据显示了哪些社区是"最爱笑"社区，哪些社区从微笑中受益。居民们因此变得更加快乐，他们用微笑创造了更加友好的地方文化。"时笑量"活动得到了维多利亚州卫生部和警察局的大力支持，并走出国门，传播至菲律宾、加拿大和苏格兰。

21 世纪初，德国利用核磁共振成像技术，研究了注射肉毒杆菌素抑制微笑肌肉前后的大脑活动，发现微笑能刺激大脑的奖赏机制，其效果连巧克力都无法企及。这项研究最终证明，无论当前的心情如何，只要微笑，大脑的愉悦回路就会被激活。[6]不同于高热量的巧克力，经常微笑能够使你更加健康，它能降低应激激素水平，增加改善情绪的激素，这有助于降低整体的血压。

相反，抑郁症治疗的临床研究发现，将肉毒杆菌素注射到某些部位，会导致持续皱眉，这有可能助长抑郁状态。[7] 或者反过来看，用肉毒杆菌素麻痹皱眉肌肉，阻断这种关联，可以增强积极情绪，减轻抑郁。不过，先别急着去"洗劫"整容医生的药箱，就为了时刻保持微笑而给自己注射肉毒杆菌素，医学手段无法与真实自然的微笑相提并论。

我们都会根据第一印象做出判断，甚至在有意识地选择信任、喜欢、回避或讨厌某人之前，大脑就已经做出了评估。微笑对于第一印象至关重要，它能让我们给他人留下美好的形象。美国密歇根州底特律市的韦恩州立大学在 2010 年开展了一项研究项目，以了解照片中的微笑强度（smile intensity）是否会影响人的寿命。以 20 世纪 50 年代初期美国职业棒球大联盟球员的注册照片为研究样本，研究人员发现，通过球员微笑时的面部宽度可以预测其寿命。他们将这些照片分为 3 类：无笑容、仅嘴角肌肉抽动的微笑和完整的杜彻尼微笑。他们对比了照片中球员的微笑强度及其寿命。在照片中没有微笑或只是嘴角上扬的球员平均寿命为 72.9 岁，而露出灿烂的杜彻尼微笑的球员平均寿命接近 80 岁。[8]

我不希望有人因此产生微笑羞耻。有些人可能会因为某些原因而隐藏自己的笑容。这一点我再熟悉不过了。让你看看小时候的我。那时我是个成天傻笑的小姑娘，不需要注射任何东西也能笑个不停，只要看到一个同学就会咧嘴笑。虽然我羞于扮演班级活宝的角色，但我会抓住一切机会，在所谓男生擅长的领域展示我的体能——毫不夸张。这时《飞燕金枪》（*Annie Get your Gun*）的歌词就在我的耳畔响起："你能做的一切，我都能做得更好。"

　　一个重要的日子改变了我微笑的轨迹。那天学校操场上放了一个巨大的空心水泥塔，到了课间，大家自然而然地就开始比赛，看谁先跑到塔顶。我毫不迟疑，飞快地跑了出去，对自己的表现非常满意。我兴高采烈地朝着这个水泥巨人飞奔而去，结果手掌、膝盖，连同嘴巴都撞在了水泥上。不久前刚冒出来的第一颗恒牙就这样摔断了！我带着肿得如气囊一般的嘴唇回到家，母亲立刻带我去找牙医，对方提供了两个选择：白色牙冠，或者便宜得多的（仿制）银色牙冠。在我们家，8 岁的孩子还没有发言权，而母亲则始终秉持勤俭持家的态度。我就这样套上了银色牙冠，大人们答应在我快成年的时候给我换上白色牙冠。在承诺兑现之前，我在学校拍的照片里——或者说我在所有照片里——都紧闭双唇。

　　在青少年时期，我在微笑时总是双唇紧闭，我不知道这对健康是否有什么影响。加利福尼亚大学伯克利分校的心理学家李安妮·哈克（LeeAnne Harker）与达切尔·凯尔特纳（Dacher Keltner）研究了这一问题。[9] 他们进行了一项长达 30 年的纵向研究，分析一本旧年鉴中的女学生照片与其一生成功和幸福的关系。研究发现，照片上笑容温暖、流露出幸福的 21 岁女性，到了 50 多岁时，她们的健康状况更好，婚姻更加美满，对生活的总体满意度更高。与笑容不那么灿烂的女性相比，她们也更有可能具备更强的组织能力、内涵、教养、同情心，且更善于交际。如果戴银色牙冠的时间再短一点，说不定我会成为更有条理的人呢！

这项研究也提出了一个问题：年轻女性因微笑而快乐，还是因快乐而微笑？或者正如精神领袖和诗人释一行禅师所说："有时你的快乐是你的微笑之源，但有时你的微笑也能够成为你的快乐之源。"

当我看到童年时期的照片时，"银牙时代"的我显得有些羞涩和拘谨。这一点微小的创伤给我的笑容蒙上了阴影。但换上白色牙冠后，我开始咧嘴微笑，露出满口洁白的牙齿，于是笑容不知不觉成为我的标志。几十年后，在一个音乐节上，一个女人叫出了我的名字，当时我没有认出她是谁。原来那是我高中时的法语老师。我说，这么多年过去了，在那样一个意想不到的地方相遇，她依然能够认出我，这真让我感动。她回答说："我永远不会忘记你美丽的笑容。"

没有什么能比得上一个灿烂的笑容，这让我想到一个重要却难以回答的问题：我的丈夫丹尼会爱上一个一笑就露出银色牙齿的女孩，并与她结婚吗？微笑是衡量婚姻状况的标准吗？

印度德保罗大学的研究人员发现，根据一个人在早期照片中所露出的微笑程度，可以预测其日后离婚的可能性。他们首先研究了参与者在大学年鉴照片中的表情，进而研究他们从童年到成年初期的各种照片。在这两项研究中，参与者在童年和成年初期拍摄的照片中的微笑程度都能预测其是否会离婚，这表明照片中的微笑是潜在情绪倾向的一种表现，而这种情绪倾向会对生活产生直接或间接的影响。[10]

在人的一生中，良好的人际关系可以强化积极情绪，使人更好地处理间歇性的消极情绪，更加积极地评价模糊事件。[11] 夫妻的微笑和大笑传达了一种与对方建立联系的意愿——这是一种积极的情绪传染效应，在和长期伴侣的共同生活中上演。它相当于一种安全指示。

微笑的背后是什么？

微笑象征着我们如何看待自己。我曾与丹尼在昆士兰州努萨角（Noosa Heads）进行过一场完美的浪漫之旅，但一顿饭后，这趟旅程就变成了噩梦。在咬东西的时候，我那颗洁白的牙冠脱落了。只要再让一只鹦鹉站在肩膀上，我就能去演海盗了。牙齿上的缺口让我的自信心大打折扣。尽管这个缺口还不到牙齿的四分之一，但我还是觉得非常难看。我尽量减少与他人交流，并避免拍照。沉睡多年的那个羞怯、自卑的女孩重新苏醒。

我的微笑已经成为我的签名，没有它，我就成了无名氏（值得庆幸的是，回家后的第二天，牙医就帮我修复了牙齿，还我一个完美的笑容）。

这段成年后的牙齿缺口经历（以及年少时银色牙冠留下的阴影）让我想起曾经的一段经历，当时我要为陷于粮食危机的人建立一个由议会支持的替代餐计划。参与者需要接受资格审查。在向一位 30 岁出头的潜在客户做介绍时，我不得不强忍住内心的震惊。他微笑时露出了双层牙齿。如果在暗巷里遇见他，我早就掉头逃跑了。但俗话说，人不可貌相。和他交谈了一两分钟后，我发现他粗糙的外表下隐藏着一种柔和的美好。尽管他每天只吃一份"蔬菜"：薯片，但他仍然希望自己有资格参加该计划。失业、露宿街头，残酷的生活在他的脸上，尤其是嘴上留下了痕迹。我不禁想到，没有一口好牙，他的未来可能很难有所改善，因为人们会对他的人品做出猜测。这令我不寒而栗，倘若没有命运的眷顾，我可能一辈子都是一个海盗的形象。

在这个世界，漂亮的人都有了不起的前途，或者说广告公司让我们相信这一点。它让我们认为，如果没有一口整齐洁白的牙齿，生活就会非常糟糕。这也解释了为什么牙齿美容的发展如此迅猛，包括价值数十亿美元的牙齿美白业。这是继化妆之后最大的非手术美容行业。你能说出有哪个好莱坞明星长着一口难看的尖牙吗？过去 20 年间，美国青少年接受牙齿矫正治疗的人次几乎翻了一番。隐形牙齿矫正器隐适美（Invisalign）

的制造商爱齐科技公司（Align Technology）曾在 2012 年资助过一项研究。研究发现，38% 的美国人表示不会与牙齿畸形的人进行第二次约会，而牙齿整齐的人被认为聪明的可能性要高 38%。据说美国人更偏爱灿烂的笑容，而不是无瑕肌肤，他们愿意不惜一切代价获得完美的笑容：87% 的美国人愿意放弃某些东西一整年，以换取下半辈子的灿烂笑容，甚至放弃甜点（39%）和假期（37%）。[12] 虽然隐适美鼓动人们购买其牙齿矫正器，以便从中赢利，而且其统计数据可能也早已过时，但它所反映的状况仍然具有一定的可信度。

并非所有笑容都能绽放光芒。从婴幼儿时期开始，我们就被要求在摄影师提示"茄子"的时候微笑。或者像世界首部真人秀《偷拍》（Candid Camera）中的那句名言所说："笑一个，你的一切行动都被注视着。"但是，从一张"幸福快照"来判断一个人是否幸福，这是有风险的。我的婆婆和她的第一任丈夫留下了很多笑容灿烂的发黄旧照片，照片中的两人呈现出幸福美满的样子——这是一个充满欢声笑语的家庭。然而关系中的异常、争吵和几个月后的离婚却不为人们所见。最近，我在墨尔本庆祝自己第二个在新冠疫情封锁下度过的生日，当时丹尼因电影拍摄被隔离在另一个州，我的父母都已去世，尽管收到了来自全球各地以及两个可爱儿子的祝福短信，但我的笑容背后却充满了心酸。当然，我在相机前微笑，我对孩子们微笑。我的微笑是为了让全世界看到，我正在庆祝这个生命的馈赠。

但是，就像我婆婆的照片一样，这只是一大幅画卷中的一帧。

虽然微笑不能说明全部问题，却可以解释部分问题。对于住在养老院的父亲来说，语言已经失去意义，因此我去看望他的时候，会用微笑替代语言。我们就像照镜子一样，面对面坐着，我先微笑，然后鼓励他微笑，如此反复，在极少数的情况下，他的微笑会绽放成温柔的大笑或者咯咯笑，宛如稀有又珍贵的钻石。这是一次美妙的面部锻炼，释放出内啡肽和爱的激素——催产素。这是令人愉悦的无声交流，"此时无声胜有声"。心与心的灵魂交流，建立起语言无法比拟的纽带。当然，我也希望能进行一些对话，哪怕只是调和我个人单调的声音，但直到父亲弥留之际，我仍然为能够看到他的笑容而感到幸福和感恩。

虽然父亲的微笑没有任何实际的意义，但我依然相信这些笑容是真实的。即使是最受人敬重的科学家，恐怕也难以通过一个笑容，准确推断出真实的情感状态。就像美术品的销售者一样，他们需要设计出各种创造性的方法来甄别赝品和真品。20世纪80年代，德国维尔茨堡大学的弗里茨·斯特拉克（Fritz Strack）和同事进行了一项研究，要求一组志愿者用牙齿咬住一支笔（这会使人在不知不觉间露出微笑），同时对卡通片的有趣程度进行评分。另一组志愿者在评分的同时用嘴唇叼住一支笔，做出皱眉的表情，没有一丝笑意。结果，前一组志愿者给卡通片的评分最高。[13]

你可以自己尝试一下。

☺ 不许笑挑战

与一个伙伴面对面。确定由谁先开始逗另一人发笑。另一人需要尽可能长时间地忍住不笑。看看他能忍耐多长时间。请注意，最后你们两人可能都会大笑起来。然后角色互换。注意，当你微笑时，你会陷入微笑的情绪状态中——不去想自己的压力，只会专注于分享笑容。

也许你想告诉所有满腹牢骚的家伙，只要用上下牙咬住一支笔，他们能变得更加快乐，甚至更加风趣，但是先别急，请听我说，后来不同的研究者多次重复这个实验，每次结果都与最初实验的结果不符。为了维护自己的名誉，斯特拉克于2016年重复了这个实验。令他难以置信的是，重复实验失败了。这个实验被草草记录下来，直到以色列研究人员找到了重复实验与原始研究在条件上的差异——前者安排了摄像头拍摄，后者则没有摄像头。[14]结果证明，受到指责的斯特拉克依然是正确的。当参与者知道自己被拍摄时，他们不会觉得卡通片更有趣。但是，如果没有摄像头，斯特拉克原来的实验结果仍然成立，甚至连给出的评分都一致。

在此基础上，堪萨斯大学的研究人员进行了进一步的实验。

他们要求志愿者咬住一根筷子：咬住筷子的一端，紧闭嘴唇，不要微笑；或者将筷子横放在两排牙齿之间，模仿标准微笑。在咬住筷子的过程中，参与者需要经历两个压力任务——一项是心理挑战，另一项是疼痛感应。研究人员测量了参与者在接受心理挑战和疼痛任务过程中与任务结束后的心率和压力水平。与模仿假笑或不笑的参与者相比，模仿真诚笑容的参与者感到压力更小，从压力任务中恢复生理机能的速度更快。[15]

使用笔 / 筷子的方法之所以有效，是因为它能迫使面部模仿真诚的微笑，调动嘴角、脸颊和眼睛的肌肉，从而产生快乐的感觉。微笑肌肉的收缩会改变我们感知世界的方式和世界看待我们的方式，从而加强通往快乐的神经通路。不要告诉大脑，否则它会被扼杀在摇篮里。与皱眉相比，微笑不仅会让事情更加有趣，还能提高事情的吸引力。瑞典进行了一项研究，请参与者观察一些正面情绪图片和负面情绪图片，同时做出微笑或皱眉的动作，然后评价刺激物令人愉悦的等级。与皱眉时相比，参与者在微笑时给图片评定的愉悦等级更高。但这种效果持续时间很短，五分钟到一天以后就消失了。[16]

内啡肽作用

我们对微笑如此下功夫，其中一个重要原因是希望通过笑来提高生活的满意度，正如瑞典的研究所揭示的那样，长时间的微笑最有效果，它能使人体产生内啡肽。内啡肽不仅存在于我们的大脑中。在中枢神经系统中已经发现了 20 种内啡肽，它们贯穿全身。这些内啡肽是聪明的小激素，作为神经递质，在神经系统中传递电信号。它们对人体健康和免疫系统影响巨大，可以调节疼痛、体温，影响心血管调控和呼吸。内啡肽甚至有助于肠道的生理机能和分娩，并通过激活 T 细胞来增强免疫系统的功能，T 细胞可以摧毁有缺陷的细胞或癌变细胞。内啡肽还能间接降低压力，改善学习、记忆和动力。

☺ 对红绿灯微笑

　　这是不是让你感到恼火？红绿灯可能是让你觉知微笑的最佳工具，因为在等待红灯变绿时，你无事可做，这正是你需要的状态。当你在红绿灯前感到焦躁不安时，请与呼吸联结，然后露出一个微笑。对自己微笑，并将微笑深深地吸入体内。如果你有勇气，可以对旁边的人微笑。释放内啡肽后，你会因红灯停留时间不够长而感到可惜。

　　内啡肽能够放松人体组织，从而使抗体到达受影响的身体部位，进行修复和愈合。当我们感到压力或受到惊吓时，内啡肽的流动会停止。我有一位客户，就叫她瑞秋吧。她被确诊为卵巢癌四期。在接受痛苦的放疗、手术和化疗之前，她来找我，希望我能帮助她阻止情绪持续跌落。瑞秋不苟言笑，对此我并不意外。在接下来的几个月里，我们选择了一些方法来提升治疗期间的幸福感，在恐惧和不确定的状态下营造些许快乐。其中一项活动是"内啡肽展板"（Endorphin Board），这是对促进内啡肽释放的因素的可视化。这个方法改编自威廉·布鲁姆（William Bloom）的著作《内啡肽效应》（*The Endorphin Effect*）。它与愿景板类似，将内在微笑和令你心潮澎湃的事物进行可视化呈现。

☺ 内啡肽展板

下面是能够刺激内啡肽释放的六类因素，它们可以使你从内到外感觉良好。请根据这六类因素，将能够为你带来愉悦的事物逐一可视化：

→ 人或宠物

→ 地方

→ 活动

→ 生活中的巅峰体验

→ 精神人物或符号

→ 质地、气味、声音、味道和颜色

不要将它变成一个理论板。经常看一看这些事物，以振奋情绪，收获平静与喜悦。如果你的墙上没有地方挂这个展板，没关系，你可以将这些触发因素记在一张纸上，然后将其折叠起来，放在钱包里，或者把最重要的因素写在便签上，贴在你能经常看见的地方。选择你认为真正有意义并能触发积极反应的图片或充满力量的词语。刺激内啡肽释放的因素未必一成不变，因此要定期检查和更新。

促进内啡肽流动的黄金法则：

（1）注意。

（2）暂停。

（3）理解。

这项活动也可以作为一种正念练习。

我们挑选了一个 A3 大小的纸板。瑞秋整理了一些图片，其中有她所爱的人、激励她的人、让她感觉舒适和愉悦的事物，这些都是她的内啡肽"助推剂"。她还有一些日本花道作品，那是她的爱好。此外，她还收集了励志名言、最喜欢的颜色的布样、充满力量的词语等。

瑞秋将内啡肽展板挂在卧室的墙上。当化疗让她元气大伤的时候，她会看着这块纸板，从中汲取能量。她可以沉浸在所有让自己展露笑容的事物中。平日里，如果她感觉自己强大有力，我也会鼓励她将这种振奋人心的感觉传递给陪她渡过难关的亲人。

起初，她不确定自己的做法是否"正确"。我安慰她，无论是微笑冥想，还是专注于自己的内啡肽展板，都能提升生理上的觉知力。它可能是一种温暖的光芒或模糊的感觉，可能是双眼闪闪发亮，可能是心胸开阔，也可能是全身柔软放松。注意、暂停并理解这些刺激，睁开"柔和且充满爱意的双眼"，这个过程能帮助我们找到"长生不老药"。正如威廉·布鲁姆所说："潜意识和心理神经免疫系统无法区分什么是真实的，什么是想象的。"[17] 就意识而言，意识中发生的事情都是真实的。你可以利用内啡肽效应改变自己的生化过程。

在接下来的几个月里，尽管发生了很多事，但瑞秋的笑容变多了。再加上观看轻松愉快的电影和情景喜剧，她大笑的时间也增加了。几个月后，我收到了一条好消息：她的病情得到了缓解。无论是瑞秋还是我，都不能将这个结果完全归功于促进内啡肽释放的微笑大法。但它也足以证明，笑声效应与传统的治疗手段可以和谐共存。对于瑞秋来说，将这些方法融为一体，从内到外唤起自己的笑容，这能优化治疗效果，同时将能量送至卵巢（或任何地方），从而刺激内啡肽的流动。内在微笑绽放于身心，形成新的神经通路，通向健康与幸福。

☺ 内在微笑正念练习（5至15分钟）

（1）坐起来或躺下去，闭上双眼，面带微笑。回想生活中一切顺利的时候，或者感到自己被无条件爱着的时候，这有助于你流露笑容。

（2）保持微笑，注意当你露出这个充满爱意与愉悦的微笑时，面部有什么感觉。笑着吸气，呼气时将微笑带入身体的深处。

（3）现在，让微笑进入你的心灵空间，让内心充满爱、轻松与平静。用一到两分钟的时间吸气和呼气，让微笑深入内心。

（4）然后将微笑的能量引导至腹部，让腹部充满喜悦，平息焦虑或紧张。吸气，并将微笑带入整个腹部和内脏。

（5）现在，让这股微笑的能量停留在最需要能量的地方。吸气，然后呼气。想象微笑的能量流遍全身，填充每一个细胞、组织、纤维和肌肉。你就是微笑的化身。

（6）要知道，无论外部世界发生了什么，在脸上绽放一个真挚的笑容都会改变你的内心世界。如果你做好了准备，请睁开眼睛，慢慢结束这个练习。

只有有意识地关注并欣赏生活中能给自己带来快乐的事物，我们才能开辟一条通往美好的超级高速公路。每个人对快乐的理解不同，令内啡肽流动起来的事物也不一样。如果让你想象一份枣蓉布丁，再配上一勺天鹅绒般的香草冰激凌，你可能会感到愉悦（产生分泌唾液之类的反应）或不为所动，或者，倘若你对麸质、乳制品、红枣和糖过敏，可能会产生非常消极的反应。只有你自己知道哪些东西能带来快乐，令你从内到外绽放笑容。确定了能够让自己释放内啡肽的因素以后，接下来要做的就是经常利用它们——延伸这些愉悦的时刻，加深体验和联系。这个过程可以增加愉悦体验的黏性，使之变得如同布丁一般，因此大脑也会更加关注这些体验。

无论在人生的哪个阶段，内在微笑练习都能起到良好的滋养作用。但是，不要等到出现健康（或其他）危机时，才将这些练习融入日常生活。在生活一帆风顺的时候养成新习惯，总好过在波涛汹涌的时候再增加一项任务。新冠疫情期间的一个牺牲品就是我们的微笑。口罩使我们无法看到笑容。社交隔离令我们心生恐惧，人与人之间缺少接触，此时微笑显得更加重要。在大多数时候，我们的微笑都被隐藏起来。缺少友好的视觉提示，大脑会在不知不觉间重新连接恐惧和焦虑（尤其是儿童，他们的大脑富有弹性，神经生长迅速，此外容易焦虑或抑郁的人也更易受影响）。不过这也有积极的一面。我们有机会练习微笑的眼睛，或者说充满笑意的双眼——让亲密、友好和社交能力穿透口罩的阻挡。

在这样的高压时期，为了解决看不到面部表情的问题，医护人员掀起了一场小规模的微笑革命。许多医护人员从头到脚都套在个人防护装备里，于是他们在防护装备外侧贴上一张自己面带微笑的照片。圣地亚哥斯克瑞普斯慈爱医院的呼吸治疗师罗伯蒂尼·罗德里格斯（Robertino Rodriguez）解释了其中的原因："微笑可以在很大程度上安慰恐惧不安的病人——为这样的黑暗时刻带去一些光明。"微笑减轻了病人和医护人员的心理创伤。大脑看到微笑后，会将其视为真实的，并暗示镜像神经元活动，从而触发微笑的生物反馈回路。内啡肽的流动穿透了防护装备，使人们看到一个富有爱心与同情心的人。

无论你经历了什么——无论你是衰老、年轻、充满活力还是身体不适，绽放微笑都能让你感觉更好。它能照亮心灵，使身体充满能量。用心培养内在微笑，让它去消除内心的怨恨。尽管听起来有些老生常谈，但无论你今天的心情如何，面临怎样的挑战，处于怎样的人生阶段，只要以微笑开始和结束这一天，生活就会变得更加美好。微笑能够促进健康，加强人际联系，进而影响整个世界。引用我最喜欢的"哲学家"史努比的名言："如果你微笑，世界会与你一起微笑。如果你哭诉，世界会将你拒之门外。"

血清素姐姐

问：我一个人在家工作，如何才能提升自己的情绪呢？

答：在家工作能为你提供一定的自由度，满足自己对幸福的追求。你可以散步，专注于促进内啡肽释放的事物，或者为自己寻找更多的内啡肽"助推剂"。你还可以进行 10 分钟的正念休息，有规律地进行微笑呼吸，或者观看喜剧短片，然后放声大笑。

第**8**章

常怀感恩，事事欢喜

对于你所拥有的，要心存感激，这样便能拥有更多。对于你所没有的，如果念念不忘，就永远也不会满足。

——奥普拉·温弗瑞（Oprah Winfrey）

现在你已经熟悉了笑声效应的多面性。但是，倘若缺少了感恩的维度——这是改变你的人生观和处世方式的最简单、最有效之法——那么我们对笑声效应的探索仍不够完整。将笑声效应用于感恩，不仅能强化感恩的神经通路，还能强化与愉悦相关的神经通路。沐浴感恩的光辉，可以加深和丰富它对幸福感的影响——这是一种具象化的因素。它是绝佳的解毒剂，避免我们陷入理所当然的思维，我们都曾在人生的某个阶段沦为这种思维的受害者。欢喜的感恩之情能让我们敞开心扉，去接纳本已存在的一切。第 1 章中提到的西塞罗曾说过："感恩不仅是最伟大的美德，更是其他一切美德之源。"

感恩与笑声效应

一天有上千分钟，但其中有多少能被归为令人振奋、充满快乐甚至是还过得去的时刻？有意识地带着感恩之心度过每一天，使欢喜的微时刻成倍增加，那么生活的主旋律就是这些快乐的微时刻，而不是那些"不怎么样"的时刻。这将提升整体的幸福感，不必等待值得庆祝的大事件。否则，正如感恩文化专家史蒂文·法鲁吉亚（Steven Farrugia）所言，这就像是去看一场足球比赛，我们直到终场哨响才能欢呼雀跃。我们将探讨如何刻意练习感恩，使其成为一种下意识的行为，就像走路时一脚在前一脚在后一样自然。它就像一把火炬，照亮日常生活中奇妙的点点滴滴，无论是看上去多么微不足道的小事。

当你开始表达感激之情，就会发现更多值得感激的经历。举一个与此类似的例子。假设你正打算买一辆新车。你喜欢玛莎拉蒂，但只能买得起红色马自达。当你开始考虑红色马自达的时候，它们就会神奇地出现在这里、那里，无处不在。其实它们本来就在，只是现在你会不自觉地让大脑去注意它们。注意力放在哪里，能量就流向哪里。不过，如果是对你不喜欢的事物，结果就没有那么美好了。遗憾的是，负面事件比正面事件更能牵动一个人的情绪。但我们不必为此沮丧——这是一种生存进化机制，我们应该感谢它。如果没有这种机制，我们可能会冒险跑上熙熙攘攘的高速公路，被滚烫的平底锅烫伤手，或在奈飞网上狂看乏味节目。问题在于，即使没有明显的威胁，大脑也会不断寻找要解决的问题。有时，我们意识不到这种大脑设定，但有时它会将我们击溃，导致我们彻夜难眠。这是因为大脑与生俱来的负面偏好，或者正如作家兼神经心理学家里克·汉森（Rick Hanson）的比喻，对待负面事件，大脑就像尼龙搭扣（有黏性），但对待正面事件，大脑就像特氟龙（具有不黏性）。[1]

请思考这样一个问题：当一天结束时，你要回忆 6 件事或人际互动。其中 3 件是积极的，2 件是中性的，1 件是消极的。那么你躺在床上会先想起哪一件事？我猜是消极的那件事。尽管这次互动或事件已成为过去，但大脑仍会以它所知道的唯一方式做出反应，即释放应激激素，在脑海中重现所发生的事情。

将笑声效应与感恩相结合，可以唤醒有意识的脑区，让我们注意到许多早已根深蒂固的习惯：深夜狂吃巧克力，不停地伸手拿手机，或者一再按下闹钟上的"贪睡按钮"。只有意识到某种行为、习惯或思维模式，我们才能决定是接受它还是改变它。如此一来，我们才能在人生旅途中成为前座的司机而不是后排的乘客。

感恩并非生存的必要条件，因此大脑几乎不会关注它。没有生存威胁，也没有闪烁的灯光，大脑对它全无兴趣。只有在注意力、意图和重复的作用下，大脑才开始像对待生死攸关的事情一样，以同样的敬畏之心对待那些有益的经历。否则，虽然有益的想法或体验在当下令人愉悦，但它们终会淹没在我们一整天的 6000 多个想法中。因为这些"好事"往往强度不高——只有那些消极事件的十分之一二，但它们与消极想法一样真实。

汉森认为，大多数心理力量都来自内在力量的暂时状态或体验，比如感恩，它会被植入大脑。如果这些关联的时间与强度提升，将有更多与善意相关的神经元同时启动，帮助大脑将短期记忆变成长期记忆，即形成持久的个人精神力量，以备日后使用。这种方法可应用于你想培养的所有内在力量——仁慈、自信、情绪稳定、耐心、快乐、自我意识或感恩。

汉森认为，只要花5到10秒来欣赏美好的体验并建立关联，就足以提升这种体验的美好程度。再加上某种形式的具象体现，比如用发自内心的微笑或一连串微笑呼吸，会进一步加深这种关联。有意识地感知美好体验所带来的感受，让身心和灵魂都沐浴在它的光芒之中，这就是笑声效应。

微小的有益经历不会改变你的生活，但涓滴之水可以注满一个杯子，同样的，你的一天也可以被这些微小的快乐时刻填满。回顾那些让你心生感激的事物，它们有助于创造积极的情绪，使你更加满足于已经拥有的一切，同时帮助你建立储备，以便在将来更好地应对威胁或压力。专注于美好，你会内心欢喜，笑口常开。

在生活中运用笑声效应，你会对自己所拥有的一切感到满足。但这并非一蹴而就的事情。行为改变是一个过程。"有意识胜任"（Conscious Competence）模型可以帮助我们理解大脑如何对习惯的改变做出反应。起初，我们对某一特定习惯毫无察觉，不考虑它对我们是否有益——这是整个过程的开始，即无意识的不胜任。然后，经过一些事情，或者经人提醒，我们知道这种习惯或行为对自己不利。于是我们做出决定，想改变这种不利的习惯或行为。咬指甲就是这样的例子。但是，你不可能轻点一下手指，就神奇地改掉咬指甲的习惯，这需要有意识的努力。我们需要练习想要采取（或拒绝）的新行为，直到能够有意识地做到这一点——此时我们仍然需要思考自己在做什么，然后通过重复，最后可以无意识地做到这一点，即不需要思考就能做出这种习惯或行为。

这一理论同样适用于习惯性思维或暂时的情绪状态，如感恩。不需要核磁共振成像，我们在家里就能监测大脑的变化。

十指正念练习

这是面向孩子的一项趣味活动。每天用双手的 10 根手指数出 10 件你要感激的事情。如果每天都做这个练习，所列出的需要感激之事可能会有重复，但是没关系。将它们全部加起来。一天 10 件事，一周 70 件事，一个月 280 件事。这种方法能够有效地将神经通路与美好连接。

培养感恩之心

这里介绍一个培养感恩之心的技巧。如果你戴手表，在接下来的一个星期里，每天把手表戴在另一只手腕上。如果你不戴手表，可以将一件首饰戴在另一只手上，或者用非惯用手梳头或刷牙。选择你做某件事的习惯方式，然后尝试用另一种方式去完成同样的事。起初，你的大脑会发出轻微的抗议声，并给你制造很多阻力。这太浪费时间了。他为什么要让我这么做？真难受。我不想这样做。几天后，阻力会减弱，一周左右，你很可能不需要进行过多的思考，自动地将手表戴在另一只手上，或者用非惯用手去拿牙刷。

通过练习，任何事都可能成为第二天性——过去你常常把脏衣服扔在地板上，现在可能会将它扔进洗衣篮；过去你可能一边讲话一边将食物从嘴里喷出来，现在你会在说话前把食物先咽下去；过去你会批评伴侣的每个缺点，现在你欣赏对方为你做的一切。这就是大脑重新连接的意义。这相当于让大脑去"健身"——通过二头肌弯举对大脑结构进行积极的改造。

感恩的态度会促进积极情绪的增长式循环。磨炼我们的内在"雷达"，抓住可能出现的机遇。向美好的方面倾斜，也就意味着远离不好的方面。即使最有天赋的舞者也无法同时向两个方向倾斜！

在顺风顺水的人生阶段，心怀感恩非常容易，但当事情进展得不那么顺利时，比如感到悲伤或失落，遭遇经济压力、关系紧张或疾病，感恩就像隆冬中的炎炎夏日一样无从谈起。意识到这一点是在我接受肠道切除手术三天后，当时我收到了一个好消息：癌细胞没有扩散。要说当时的心情是如释重负，可能多少有点轻描淡写，事实上，我的内心充满了感恩之情，但身体好像不知道该怎么办。当我把注意力集中在我所感激的人和事上时，这种感恩之情才在医院的餐具垫上以白纸黑字的形式倾泻出来：我的身体慷慨相助，支持我度过 5 个小时的手术；我在一家世界一流的医院接受了手术；我有爱我的家人和朋友。我不断积累感恩的时刻，直到使其体现在神经和细胞层面——享受笑声效应。令人振奋的能量充斥着每个细胞、组织和肌肉。我表达的感激之情越多，这种感觉就越强烈。这是一种不需要吗啡就能获得的兴奋感。

从那一刻起，我决心培养一颗感恩之心。首先，将脚趾浸入感恩之井，然后让全身沉浸其中。积极心理学创始人马丁·塞利格曼（Martin Seligman）教授给了我启发，他通过研究发现，每天复盘"3 件好事"，对抑郁和幸福感都有持久的影响。[2]"3 件好事"是指在大脑中回想或在纸上写下那些常常被认为是理所当然的"好事"。入睡时，我不会数羊，而是回忆一天中的 3 件好事：我看到或收到的祝福或善意举动。沉浸在这些时刻，靠近生活中的美好，我从对过去的关注和对未来的担忧中获得短暂的喘息机会。

🧘 **血清素姐姐**

问：最近，与我相伴 40 年的爱人离开了我，很多时候我根本找不到一件值得感恩的事情。心怀感恩似乎是不真实的。我该怎么做？

答：只有让自己的心灵从悲伤留下的缺口中走出来，我们才能看到一天中发生的许多美好事物。不要试图去寻找那些大事件，关注那些值得感激的细节——舒适的床、舒缓身心的热水澡，或者你与爱人共同的美好回忆。然后，向内心探索，寻找你所欣赏的品质，这些品质会帮助你度过这个艰难的时刻。

在情绪低落、焦虑不安的日子里，抵触情绪会达到顶峰，我不知道怎样才能想出整整 3 件好事。然而，一旦感恩之情开始涌动就难以停止。向美好靠拢，这会让你感觉良好，甚至有点上瘾，部分原因在于多巴胺的释放，行为和感受之间建立了联系。当感恩之情不断增加，大脑释放的多巴胺也会越来越多。最终我们会沉醉于感恩之中。

😊 **用感恩的微笑扫描全身**

（1）选择一个舒服的姿势，进行几次深呼吸。每一次呼吸，都让自己更加臣服。每一天，呼吸都为你而存在，它存在于生命的每一刻。你不需要告诉它怎么做，感谢你的呼吸。微笑吸气，然后深深地呼气。

（2）现在，请将注意力集中到面部。也许你常常评判自己的长相。关注你的脸颊、嘴唇和鼻子。关注你的眼睛和眉毛。尽量不要在任何评判中迷失——只是关注那里。将意识带到你的脖子和后脑勺，然后带到整个头部。带着发自内心的微笑，感受对面部和头部的感恩之情。吸气，将这种感恩之情吸入，呼气时，让这种感恩之情从面部深入身体。

（3）现在，将你的意识带到肩膀、大臂、手肘、小臂、手腕、手掌、手背和手指。唤起感恩之情。吸气，将这种感恩之情吸入，呼气时，用发自内心的微笑去感恩手臂为你所做的一切——从肩膀到指尖。用微笑表达感恩，呼气时，与肩膀、手臂和双手分享这个微笑。

（4）将意识转移到胸部、腹腔神经丛、腹部、臀部和骨盆区域。现在将意识带到躯干和下背部、中背部和上背部。吸气时，感受对这些部位的感恩之情，呼气时，将这种感恩之情带入体内深处。面带微笑，呼气时，与前后胸、腹腔神经丛、腹部、臀部和躯干分享这个微笑。

（5）重复这一练习，同时关注大腿、膝盖前侧和后侧、小腿、脚踝、脚跟、脚底和脚趾。

（6）现在，把意识带到全身，从头顶到脚趾尖。感受空气的吸入与呼出。感恩身体所做的一切。感谢它支持你、带领你走过人生。感谢它让你触摸与感受，感谢它带给你视、听、嗅、味的体验，感谢它让你经历生活与爱。每一次吸气，感恩之情都会油然而生；每一次呼气，感恩之情都会调整身体的每一个细胞。

（7）身体始终与你同在，感恩之心也是如此。你不需要特别去激发，就能对身体的各个部位产生感激之情。感恩自己的身体，无论是你喜欢的部位，还是不太喜欢的部位，无论是那些辛勤工作的部位，还是那些看似没有任何作用的部位。你的身体一直在尽其所能。

（8）慢慢结束这个练习，缓缓睁开双眼。

心怀感恩，有益健康

当我们回顾过去的重大成就或者顺遂的人生经历时，感恩之情会刺激身体释放抗抑郁物质——血清素。哪怕只是想一想，也能有同样的作用。乔·迪斯彭扎（Joe Dispenza）博士是一位教师、脊椎按摩师、研究者和作家，他的最新研究表明，我们也可以对未来心存感激。甚至在事情真正发生之前，我们就可以产生感恩的情绪。这样一来，身体相信，未来的事情正在当下发生，或者已经发生。这种做法为身心提供了一个机会，在身体品尝到实际的果实之前，先从心理上体验这种感恩的状态。我们可以选择做白日梦还是噩梦。无论哪种方式，身体都会做出相应的反应。

迪斯彭扎的研究利用心率变异性和脑部扫描，揭示了愤怒、恐惧、沮丧或焦躁等情绪的变换，每天感恩 2 到 3 次，每次 15 分钟，人体产生的免疫球蛋白 A（IgA）——人体天然的"流感疫苗"——就能增加 50%。在内心融入正面的情绪，如爱、喜悦或感激，从交感神经主导切换到副交感神经主导。像鲨鱼一样盘旋的应激激素减少，与幸福感相关的激素增多，因此外部环境中的威胁程度会从危险降到无害，从而增强人体的愈合能力，强化免疫系统。

感恩会改变心脏的节奏和它传递给大脑的信息，产生令人振奋的情绪，并向自主神经系统发出信号，使其从恐惧中解脱出来。激活笑声效应的能量，让自己沉浸在微笑中，我们的身体就会知道，它正在接收情绪。于是心跳恢复连贯性，或者，当你分享笑容时，他人心中也会涌起感恩之情，将它延伸到更加广阔的能量领域。

15 分钟听起来似乎很漫长，但你可以在刚起床时练习感恩，为这一天定下情感基调，将感恩的能量注入生命。带着温柔的微笑，在脑海中回想需要感谢自己或他人的 3 件事或更多事情。

然后，以感恩作为这一天的主题。用餐时、冥想时、散步时或写日记时，有意识地寻找和关注美好的瞬间。让已经存在的美好不断蔓延。最终，你所拥有的将不仅仅是那些值得感激的经历，而是一颗感恩之心。

☺ 给自己的感谢信

给自己写一封感谢信，感谢自己所做的一切。在书写的过程中，让身体沐浴在发自内心的感激之情中。以此为契机，接纳所有自知的缺陷，也许是不够漂亮的鼻子，内心的创伤或身体上的疤痕。下面提供一个感谢信范例，帮助你真挚且清晰地描述和引导自己的感恩之情。

致亲爱的自己：

感谢你没有放弃我，即使在我放弃你的时候。

感谢你让我这一生都能看到、倾听和感受，感谢你让我的心脏有力地跳动。

感谢你带给我的所有经历，即使有一些经历令当时的我难以承受。

感谢我的朋友、家人以及所有相识的人，感谢我生命中得到的一切支持。

感谢你接纳我的全部，从不对我妄加评论。

> 感谢你陪伴我走过人生，感谢你传授给我无限的智慧，即使有时我不想听，你也从未放弃。
>
> 以爱与感恩之情敬上，
>
> 我的名字

心存感恩，往往能得到特殊的回报。东北大学进行了一项研究，要求 105 名本科生在电脑上完成一项特定任务。在他们即将完成任务的时候，研究人员会偷偷给电脑制造故障。故障修复后，参与者被告知他们需要重新开始。然后由演员扮演的计算机高手被请来解决故障问题。可以想象，他们问参与者的第一个问题是："你试过重启电脑吗？"然后，只需按下一个按钮，电脑就恢复了运行，他们正在进行的工作也得以保存。大多数参与者都表示，他们对这些演员充满了感激。在接下来的 3 周里，研究者对这些参与项目的学生的感恩水平进行了测量。有些学生在这个实验中表现出的感恩之情高于其他学生，他们在后来的一周内也始终怀着更加强烈的感恩之情。在谈到报酬时，这些学生愿意为了更多的现金而等待一段时间，但感恩之情较少的学生更倾向于立刻拿到金额较少的现金。[3]

个人感恩练习

感恩能提高复原力，有助于防范倦怠所产生的负面影响，因此我一直将它作为丰富生活的首选方式推荐给客户。我有一位客户史蒂夫，是一家大型信息技术公司的中层经理，他对自己的职业产生了倦怠感，正在休长假。他很想尝试积极复原力训练，让自己走出低谷。我不确定他对我推荐的每日感恩练习做何感想，或许与他的预期不符。但是，直觉告诉我，感恩练习能够拯救他那颓丧的精神状态。

第一步是扩展他对感恩的理解，从简单的表达感谢拓展到赞美为生命赋予意义和价值的一切事物。我着重强调了一种最行之有效的提升感恩之情的技巧——写感恩日记（我们将在第10章进一步探讨写日记的问题）。考虑到他的压力程度，我向他介绍了一项研究，研究者要求一组心脏病患者写 8 个星期的感恩日记，尽可能每天写下他们感激的 2 到 3 件事——伴侣或孩子、宠物、朋友、工作。另一组心脏病患者则只遵循临床建议。研究结束时，坚持写感恩日记的患者在情绪、睡眠、疲劳度以及其他与心脏健康有关的因素上都表现得更好。[4] 两个月后，他们重新接受测试。继续写日记的患者的炎症水平降低，心律得到改善，心脏病的风险降低。

史蒂夫的倦怠也影响到了最亲近的人。当你陷入困境时，很难在情感上给予他人帮助。加利福尼亚大学的心理学教授、感恩研究专家罗伯特·埃蒙斯（Robert Emmons）认为，感恩能够加强人际关系，因为它让我们看到他人所给予的支持与肯定。向你爱的人表达感激之情，也会让对方心情愉悦，继而又对我们的心情产生正面影响。现在，史蒂夫应当让他所爱的人知道，他是多么珍视他们，这样一来，对方也会了解，史蒂夫并未将他们的爱或支持视为理所当然。他需要激活笑声效应，促进积极行为螺旋式上升。

在与史蒂夫的谈话中，我也提到，心存感恩的人能够更加乐观地面对自己的生活和周围的世界。与总是持否定态度的人相比，心存感恩的人也更倾向于灵活思考。一项研究表明，写感恩日记以后，乐观情绪会增加 5% 到 15%。[5] 史蒂夫越是感到无助，乐观情绪就越少。培养对未来的积极展望，是将他从焦虑状态中解救出来的关键。在谈话结束时，史蒂夫告诉我他愿意接受感恩挑战。于是我抓住时机，向他提出未来一周的任务——将手表佩戴到另一只手上，并根据"3 件好事"练习写感恩日记。

几个月后，史蒂夫发生了明显的变化，这显然与他坚持不懈的感恩练习有关。他成功为大脑重新"编程"，每天深入生活，寻找美好，从而减少消极情绪。大脑的积极神经通路得到加强，他对人际关系、重返工作岗位的前景以及整体的生活都感到更加乐观，内在与外在微笑增多。几年后，我在街上遇到了史蒂夫。他兴奋地指着自己的手表。他仍然将手表戴在另一只手腕上。我没想到他会继续这样做，但他说，他很喜欢这样明显的提醒，让他怀着一颗感恩之心开启每一天。如今已重返职场的史蒂夫对我说，他热切地寻找机会与同事分享感恩之情，庆祝和赞美团队每一个小小的胜利、成就和进步。

☺ 写感恩日记

何不试试写一写感恩日记？写下当天发生的 3 件好事，解释它们好在哪里，用这种方式来抓住一天中的美好时刻。你可能回想起一件相对不那么重要的事情（比如和某人愉快地叙旧），也可能回想起一件比较重要的大事（找到了理想的工作）。尽可能详细地写下发生的事情，包括你做了什么或说了什么，如果涉及其他人，也要写下他们的所言或所行。记录这件事在当时带给你的感受，以及你后来的感觉。你是否在内心微笑或者在脸上绽放出笑容？如果你产生了消极情绪，请将注意力重新集中在美好的事物上，让积极情绪流动起来。注意身体的哪个部位感受到了感恩之情，向它微笑，让笑声效应的能量更加深入地浸润内心。这个练习能够有效地训练大脑去关注日常的美好事物。随着时间的推移，你将不再需要那么多细节来触发感恩之情。

充满感恩的工作场所

工作场所可能是给人带来压力的一个主要因素。我们已经看到，笑声效应可以通过幽默、大笑和游戏的方式来提高社交、情感和心理上的幸福感，工作场所内的感恩文化也有同样的意义。但是，研究表明，与其他地方相比，人们在工作场所中感受或表达的感恩之情更少，一些员工在表达感谢时犹豫不决，担心这样做会被视为示弱，或无意中让同事陷入难堪的境地。[6] 人的一生中总有大量的时间在工作中度过，因此工作场所离不开感恩之情的温暖与滋养。

在工作中表达感恩，这对员工的心理健康、压力和离职率都有显著的积极影响。它有助于营造一种相互联系的氛围，这种氛围有别于纯粹事务性的工作环境，可以有效地向下属和同事传达你对他们的重视。在工作中寻找值得感激的事情，即使是面对压力较大的任务，这也有助于保护员工免受工作的负面影响。[7] 领导层与管理层需要将感恩变成一种习惯，而不是听之任之，这样才能取得最佳效果，因为经常表达感恩有助于降低员工的职业倦怠。无论组织的规模或环境如何，无论是学校、地方政府、企业还是社区组织，这种感恩的习惯都会自上而下地渗透到组织的各个层面。表达感恩可以起到金钱无法比拟的团结和激励作用，从而形成一种集体的感恩心态。

工作场所的感恩也具有传染性——如果组织上下不断表达强烈的感恩之情，那么员工之间也会彼此感谢。它使善意像涟漪一样荡漾开来，赞扬亲社会行为，从而实现首席执行官和管理者所追求的结果——提高绩效、生产力和员工留存率。如果将感恩融入组织的核心价值观，而不是仅仅在世界感恩日表达感恩，那么感恩的涟漪效应将更大。

作为在养老院开展的大笑瑜伽试点项目的延伸，我为养老院的员工也安排了一个培训项目，希望能够帮助他们掌握一定的方法，在工作场所开展大笑活动。有一家我从未去过的养老院主动提出要举办一次这样的培训课程。在开始正式培训之前，一位很有魅力的员工带我在养老院内进行参观。很快我就被走廊里轻松欢快的气氛所打动。笑声和交谈声回荡在工作人员和老人之间。与我参观过的其他养老院相比，这里的氛围好得多。参观结束后，培训尚未开始，于是我在员工厨房和餐厅简单地喝了一杯茶。一面墙映入眼帘，这是一面"感谢墙"，墙上几乎被五颜六色的便条贴满，上面写着对同事的感激之词。于是我终于明白这里的气氛为何如此温馨。这面墙是一种视觉提示，它激励员工更加认真努力地工作，也从更深的层次上鼓舞他们度过更加充实的人生。

在这里，积极的品质得到赞美。反观另一些工作场所，它们往往会将消极的品质放大。这家养老院提倡赞美和其他表达欣赏的方式，因此员工似乎更快乐，对工作的满意度更高。但你不必真的去建造这样一面墙。个人和团队可以通过多种方式营造感恩文化。

你可以参加志愿服务，寻找利他的机会。助人能够为你带来喜悦，促进健康和幸福。它可以产生双重效益——在给予者和受助者之间形成一个感恩的生物反馈循环。《彼得·潘》

（*Peter Pan*）的作者，苏格兰小说家和剧作家詹姆斯·马修·巴利（James Matthew Barrie）在 19 世纪初期就已经阐明了这一点："为他人带来阳光的人，自已也一定会沐浴在阳光下。"

精通感恩语言

使用感恩语言，即流利地使用有关富足、祝福和赠予一类的话语，也能带来一定的回报。笑声效应不仅借助动作，也需要借助情感，让我们可以流利地表达感激之情。它帮助我们热爱已经拥有的生活。认识到那些能够丰富生活的品质，以及生命的更大奇迹。感谢那些被我们视为理所当然的恩赐——我们的视觉、听觉、触觉、味觉和嗅觉，感谢海洋和森林，感谢友谊和熟人，甚至感谢那些功能性服务，比如水龙头流出干净的水。这种感恩清单就像天空一样无边无际。

☺ **肯定你的感恩之情**

下面是我最喜欢的一组表达：

感谢此刻。

感谢每一次呼吸。

感谢所有的祝福。

感谢我的生命。

写好肯定句后，用全身心的微笑来强化这些语句，并时常重复它们。

沐浴在感恩的能量中，你会对自己的生活和身处的世界感到更加乐观和快乐。心存感恩，生活将更有意义。安住于美好的当下，让它的力量浸透内心，你那由衷的笑容也会随之增加。这就是笑声效应。心怀感恩，内心便常有欢喜，你也能将更多的美好给予他人。让他人感受到你的善意，让可见的和不可见的善意涟漪不断扩大。如果你仍有疑虑，不妨静下心来问问自己：此时此刻，我对哪些东西心存感激？你总能找到值得感恩的事物。正如埃克哈特·托利（Eckhart Tolle）所说："承认你人生中已经拥有的，这是所有富足的基础。"

案例学习："感恩汤羹"的配方

20 世纪 60 年代，安迪·沃霍尔（Andy Warhol）所创作的有关罐头的艺术作品，使金宝汤公司（Campbell's Soup）名声大噪。2001 年，当道格拉斯·科南特（Douglas Conant）接任金宝汤公司总裁兼首席执行官时，他又为公司的发展增添了浓墨重彩的一笔。当时，公司的财务状况十分糟糕。员工们心灰意冷，对公司的信任度极低，裁员成了家常便饭。在全球所有大型食品公司中，金宝汤被贴上了"业绩最差"的标签——公司急于摆脱这一标签。当时的状况非常恶劣，以至于盖洛普公司的一位经理认为，金宝汤公司的员工敬业度是"他所见过的《财富》500强企业中最低的"[8]。

科南特很有亲和力，善于交际，上任后他的重要任务之一就是提高员工的敬业度。他将计步器挂在腰上，每天走10000步，与尽可能多的员工进行有意义的互动。无论是在位于新泽西的总部，还是在全球其他生产工厂，从维修人员到高管，他与各个员工见面，并向他们致以问候。此外，他每天还会给员工写20多张便条，祝贺他们的成功，感谢他们的贡献。在任10年间，他共写了30000多张纸条，而当时公司只有20000名员工。"我看到了你的贡献""祝贺你""我很看重你"，不难想象，这些手写的纸条给多少人带来灿烂的笑容。

科南特及其团队取得了非凡的成就。销售额和收益不断攀升。业务蒸蒸日上，员工敬业度达到世界一流水平。2009年，科南特遭遇严重的车祸，他的感谢信收到了意想不到的回报。他收到了来自世界各地的金宝汤公司员工的祝福信息。"我和妻子坐在病房里阅读这些信息，我能感到，它们正在帮助我尽快康复。这些祝福告诉我，多为他人提供支持性的反馈，你也会得到更多回报。"[9]

科南特从自己30多年的职业生涯中总结出3条感恩秘诀：

（1）尽早建立人际关系。你的伙伴可以理解你的坦率、真诚和实在。如果你能表现出坦率、真诚和实在，就可以与伙伴建立信任。反之，则无法建立信任。建立关系的有效方式就是与身边人分享你的经历、领导哲学、期望甚至最喜欢的名言。然后也请他们向你分享一些东西。

（2）寻找庆祝的机会。科南特和他的行政助理们每天要花30到60分钟浏览邮件和公司内部网站，寻找在金宝汤有所作为的员工新闻。

（3）拿起笔。让人们知道你在关注他们，并为他们的成就而欣喜。寻找机会，向那些与你的公司合作并帮助你取得成功的人致信。手写便条看似浪费时间，但根据科南特的经验，它们有助于建立良好的关系，提高工作效率。[10]

第9章

温柔地对待自己:
自我关怀的微笑革命

　　我不为己，谁人为我？如只为己，我为何物？若非此时，又待何时？

　　　　　　　　　　　　　　　——拉比·希勒尔（Rabbi Hillel）

　　这个追求完美的世界给我们的心理健康带来了诸多挑战，好在笑声效应可以提供一定的保护。用微笑进行自我关怀，有益于身心健康，例如提高积极性、幸福感以及提供乐观的心态，降低焦虑和抑郁。我希望自己在成长过程中具备这些能力，能够充满爱意地微笑，接纳完整的自己。然而，我有一种"遗传病"，名为"付出病"（giving-itis）。你可能听说过它，兴许你自己也患有这种病。这种病的症状非常多样，有的人需要长期行善，有的人病情较轻，只是被动行善。牺牲自己，成全他人，这是此病症的基本表现。它以一种健全的道德价值观为基础：己所不欲，勿施于人。从表面上来看，这是很好的建议，但它往往是片面的。我们也应该像对待他人那样对待自己。

　　我确信"付出病"是一种遗传，在我的家谱中，其源头可以追溯至好几代人以前。我从父系和母系的基因中继承了这种特质，尤其是母亲。在我成长的过程中，每天吃晚饭时，这种特质就会表现得尤为突出。母亲会先给其他人上菜，然后似乎对吃剩菜心满意足，哪怕是鸡骨头。母亲一直致力于行善，那些年，为了给当地的教堂编写筹款宴会的食谱，她总亲自尝试食谱中的每一道菜，而我们也实实在在地把她那无私奉献的成果吃进了肚子。母亲的善心不止于此，她还承担了许多工作。母亲的生命意义在于为他人服务，丰富他人的生活，但她从未将这种爱用到自己身上。

因为缺少榜样，所以我始终难以学会自我关怀。请注意，我说的是"学会自我关怀"，这是一个持续的过程。成年以后，内在的同情心或自我关怀逐渐让位给其他自我照顾的行为，例如健康饮食和锻炼。我很"聪明"，知道与自我关怀相比，这些行为对幸福的影响更大。但是，如果意识到自我关怀的重要性，我可以免受很多痛苦。当内心的爱或自我价值感动摇时，我们就会被卷入别人的风暴中，将一切都视为自己的事情，成为他人恶劣情绪的受害者。自我关怀的心态不仅能保护我们免受这种伤害，也能让自己保持稳定。

我曾多次犯过一个错误，那就是一边下沉，一边又让自己相信自己在游泳。几年前，我做完肠癌手术后，朋友们精心准备的饭菜已经吃完，于是我蹒跚着走到炉灶前，想为家人准备一顿家常饭。我知道自己在想什么。为什么不寻求帮助？或者叫外卖？因为那样做需要一定程度的自我关怀，而我并不具备这种能力。与其冒险麻烦别人，或者花钱购买方便准备的东西，我宁可自己承受痛苦。如果不知道自我关怀这回事，我怎么可能关怀自己呢？

☺ 你对自己和他人有多少关怀？

花点时间，为自己对他人的关怀打分，分数从 1 到 10：1 分是完全不会关怀他人，10 分是非常关怀他人。现在用同样的标准评价你对自己的关怀。两个分数的相似性或差距有多大？

在这里，我要分享一个关于自己的事实。我非常善解人意……而且我感觉到，如果你是一位女性，那么你对他人的关怀会高于对自己的关怀。你是这样吗？如果是的话，那么你并不孤单。研究表明，平均而言，女性对他人的关怀明显高于男性，但对自己的关怀却低于男性。据统计，女性觉得自己不重视满足自身需求，相反，她们更重视自我牺牲和满足他人需求。[1] 这显然是进化的结果，也是数千年来女性扮演母性角色的结果，如今我们仍然生活在这种影响下。但这并不意味着所有女性都是如此。

如果我们无法从家庭或朋友那里学习自我关怀，那么自我关怀从何而来？我们高中毕业的时候也不需要通过自我关怀考试。虽然自我关怀尚未成为关键的生活技能，但它绝对具有这样的意义。就我而言，我之所以能够偶然发现自我关怀这个提高幸福感的概念和技巧，完全是出于职业好奇而非个人的追求。

自尊与自我关怀

在一年一度的世界幸福论坛（Happiness and Its Causes Conference）上，来自美国得克萨斯大学奥斯汀分校的教育心理学副教授克里斯汀·奈弗（Kristin Neff）阐述了自我关怀的三个核心要素——善待自己、共同人性和用正念培养意识。在那次会议之前，我对自我关怀的理解充其量只是皮毛。奈弗破除了一些关于自我关怀的常见误解，比如，她让我们了解到自我关怀与自我放纵或自尊毫无关系。自尊往往需要通过与他人比较来评价自己，而自我关怀则不同，它是非评价性的。它是一种内在的恢复力，让你从困难和痛苦中获得向前的力量，不至于一沉到底。当你遇到困难，自我关怀便是起点，而非终点。遭遇挫折之时，也正是需要培养自我关爱的时候。这是一种能为自己赋予力量的思想。即使你对自己不够满意，即使你正在经历痛苦或考验的时刻，你仍然可以关怀自己，就像你会对类似经历下的其他人表示关怀一样，无论你是否赞同他们的言行或理解他们的处境。

奈弗谈到，自我关怀是一种与自己相处的积极方式。它可以缓解因内在自我评判和自我批评而产生的精神内耗。她解释说，人们更倾向于批评自己，而不是承认自己的脆弱，承认自己将事情搞砸了，对于这一点我深以为然。自我关怀是一种态度，它是指在遭遇困难时以温暖和理解的态度对待自己，并认识到犯错是人之常情。

我坐在座位上，认真地做笔记，接下来就该将理论付诸实践了。我们进行了短暂的三段式自我关怀休息术。第一步，先用 5 分钟在内心"大声喊出自己的恐惧"（squeam）[我用了 squeam 一词，是指在内心大声喊出（scream）自己的恐惧（squeamishness）]。首先，奈弗请我们回忆一些痛苦的事情。不必是什么大事件。一提到"痛苦"，就像狗因恐惧竖起后颈毛一样，我的抵触情绪立刻冒了出来，而内心又出现一个声音，责备我的抵触，这让我的情绪变得更加糟糕。"痛苦"似乎是个有点极端的词语。我并没有受什么苦，我觉得这个词应该用在那些遭遇贫穷、家庭暴力或无家可归的人身上，而不是一个拥有特权的中年白人女性身上。

奈弗请我们运用正念，从更加超脱的角度来看待自己的受到的痛苦或苦难。记住这种"痛苦"，为它命名，但不要加以评判。等一下，评判是我所珍视的标准，这是我对自己负责的方式。如果放弃评判，我怕自己的内心会变得空虚。但奈弗要求我们退后一步，不加评判，只用心去关注，带着满满的爱意去关注痛苦。

她的话刺穿了我的保护罩，绕过我的大脑，直击内心。心中的恶魔惊慌失措，暴露无遗。我担心它们会被礼堂里的一千多人看到。我倒吸一口凉气，恍然大悟：我擅长关怀他人，却不会关怀自己。

第二步，从普遍人性的角度来看待自己的处境，这为我减轻了压力。我们都会失败，都会犯错，都会面临严峻的生活挑战。没有人是完美的，也没有人的生活是完美的。我们都会遭受痛苦，患上疾病，失去所爱的人……呼，也许我并不那么失败，人人都不完美。

第三步，用友善的态度对待自己。对自己表达关爱和理解，而不是看到一点不足就严厉地批评自己。用温柔的拥抱或宽慰人心的言语，给予自己温暖和无条件的接纳。这种做法让我有点不自在。也许奈弗看透了这种心思，她建议我们想一想，在类似的情况下，我们会如何安慰或抚慰自己所爱的人。找到合适的用语后，我们可以用这些话来安慰自己。

自我关怀与自我怜悯

奈弗博士的会议结束后，我在想，如果痛苦来自内心的自我评判，转而变成自我批评，那么毫无疑问，我曾经历过很多痛苦的时刻，只是我从未承认，而是咬紧牙关，盲目地坚持下去。例证之一，就是我曾强忍痛苦，用母乳喂养我的第一个孩子，当时一位女护士告诉我："无论是乳头破裂还是乳房肿胀，你都要继续母乳喂养。"我对她的建议深信不疑。恭喜你成为母

亲，现在抬起下巴，挤奶！经历了几个星期的煎熬后，炎症性
鹅口疮将我击溃，我终于开始接受治疗，以缓解症状和疼痛。
我从来没有想过，有一种方式可以表达自己的沮丧之情，让自
己不必像一个悲惨的受害者。母亲身份是一种恩赐和祝福。我
选择了做母亲，在世界一流的医院分娩，有一个支持我、爱我
的家庭，我怎么能抱怨呢？我把自我关怀和自怨自艾混为一谈。
作为一名新手妈妈，我对自我关怀充满了陌生感，就好比让新
生儿去理解他是一个人类一样。我一定会让孩子沐浴在无条件
的爱中，但我自己却无法享受这样的爱。

　　求生是人的天性。当环境充满压力时，我们会进入"应对
模式"，尽自己所能去处理压力。但我们很少停下来，确认困难
的程度，或通过自我慰藉来鼓励或激励自己。我们会更加自然
地接受他人的关爱或支持，因为这更符合我们习惯的关爱模式。
我们会不遗余力地避免尴尬或不舒服的感觉，即使在某些情况
下只有我们自己感觉尴尬或不适。但是，向外寻求关爱不一定
能解决所有问题。况且，如果我们能够为自己提供全天候的服
务，又何必等待别人呢？

知行合一

　　奈弗对自我关怀的介绍深深影响了我，之后我开始付诸实
践。先从小事着手，对镜子中的自己露出一个充满爱意的微笑，

不进行任何评判。尽量不要畏缩。像对待自己所爱的人一样，接纳自己的全部。一颗青春痘不会毁掉一张美丽的脸。我在床头、书桌贴上印有爱心图案的便利贴，或者将它们偷偷贴在只有自己能看到的地方，以免孩子们问我"为什么到处都是这些便利贴"。我会以一句积极的肯定句结束一天：我很漂亮，我做得很好，我爱我自己。我希望自己可以轻松地说出这句话，没有被强迫的感觉，让它毫不费力地从内心流淌出来，不必默默压抑。我会提醒自己，我越来越会自我关怀，这是一个过程。就像其他人一样，我也在不断进步。有一些方法可以让自我关怀变得更简单。遇到不如意的事情时，对自己微笑或亲切地大笑，这并不难。尝试在自己陷入自我批评或责备模式之前，先把自己放进鼓励的情绪中。安慰自己，告诉自己没关系，我很好，非常好——这的确需要一点时间来适应。

在每天的冥想中，我会通过语言和感受来接纳自己的情感需求。在心灵的指引下，我开始感受到更多的快乐和满足，积极性得到全面提升——既是对自己，也是对自己的人生。这是一个里程碑，无论度过了怎样的一天，我都可以看到和感受到积极的方面。

随着自信心的提升，自我关怀休息术成为我为个人和企业客户安排的固定活动。无论面对的是谁，我都会提出这样一个问题：你对他人的关怀程度如何？你对自己的关怀程度如何？答案往往是非常关心他人，但对自己关怀不足。我反复强调，自我关怀不是"劫富济贫",你不需要掠夺对他人的关怀。善待自己,不批判自己,这样才能更好地关爱他人。无论受教育程度有多高,人们内心的对话内容往往缺少鼓励,在很多情况下甚至是赤裸裸的辱骂。此外,似乎还出现了一种模式:对个人或职业关心越多,对自我的关怀就越少。

人们完成自我关怀休息术后,往往会出现一段尴尬的沉默,这与我在奈弗的活动上的体验类似,需要我将他们从内心的边缘拉回来。一位就职于墨尔本当地大医院的重症护理人员惊愕地发现,他内心的声音被父亲的责骂声淹没了。其他从事护理职业的人会为自己的失败而自责,老师们会迅速给自己贴上傻子或笨蛋的标签。和我一样,他们要么是受到父母的某种教育方式的影响,要么是接受了一种思想流派的熏陶,这种思想流派把严厉和苛刻作为学习的动力,错误地认为这样可以提升自己的韧性。他们从未像接纳优点一样亲切地接纳自身的缺点,因此内心始终认为自己不够好,充斥着失败感。

小时候的学习方式为成年后的学习奠定基础。如果你在孩提时代习惯通过严格管教和无情的声音来激励自己,那么你可能会在以后的生活中重现这种行为。要么如此对待自己的孩子,要么如此对待自己。友善看似软弱无力,却能使人翱翔万里。

我曾主持过一个活动,它揭露了我们学到的"有缺陷"的信息系统。在一个练习中,参与者列出了一个清单:我不喜欢自己的 10 件事。也许你觉得这个练习很简单,但它还有一个转折。参与者需要与坐在对面的人交换清单，后者要大声朗读这份罗列了缺陷或失败的清单。

- "我讨厌自己的长相。"
- "我觉得自己像个骗子。"
- "我总会把事情搞砸。"
- "我是个糟糕的母亲。"
- "我不是个合格的儿子。"
- "我很愚蠢。"
- "我一点儿也不可爱。"

当我们把自己当成敌人，还用得着其他敌人动手吗？我没有将练习停在这里，否则参与者会陷入自我厌恶的深渊。我给他们的下一个任务是写出自己值得称赞的 10 个特质。这次不需要交换清单。在某些方面来说，这个任务更具挑战性，但它显然不会令人羞愧难当。

自我关怀还是自我比较？

我一直在想，对他人与对自己的关怀之心如此不均衡，在多大程度上可以归咎于社会对自我关怀缺乏尊重。社交媒体上充斥着 "# 失败！""# 失败者" 等话题，与此同时，人们又被完美的想象所控制。完美的牙齿、完美的身材、完美的伴侣、完美的房子、完美的汽车、完美的工作，这些构成了一条完美的绳索。在完美主义心态的控制下，我们会发现自己永远都不够好。为了避免失败，我们把自己置身这样一种境地：如果你认为自己可能得不到足够的点赞数，就不要冒险。不尝试就不会失败，不尝试，内心的恶魔就会安然无恙。

完美主义可分为自我导向型完美主义（过高的个人期望）、社会期许型完美主义（过高的社会期望）和他人导向型完美主义（过高的他人期望）。[2] 研究发现，社会期许型完美主义对心理健康的伤害最大。要是我们能将日本传统工艺"金缮"（kintsugi）应用在生活中就好了，那是一种精美的传统工艺，用黄金将破碎的陶器拼接在一起，尽管有"缺陷"，却能创造出更加坚固、美丽的艺术品。

多一点自我关怀，也能有效缓解我们对"比较"的偏爱，它类似于"完美"的子集。用别人的影子来衡量自己，我们永远无法真正发光发热。与自尊相比，更高的自我关怀有助于削弱社会比较、公我意识、思维反刍、愤怒和对一个明确结论的坚持。[3] 将失败视为生活的一部分和学习的机会。自我关怀是对自我的积极情感，同时摘掉"好"与"坏"的标签，让我们不再专注于消极的方面。

自我关怀不会使人变得懒惰、自满，也不会让人陷入放纵，反而会激励你，让你做得更好，从而取得更高的业绩。加利福尼亚大学伯克利分校的社会心理学家进行了一系列实验，证明了自我关怀能激励人们弥补个人不足，完善个人道德规范，提高学业成绩。[4]

自我关怀与自我批评

改变自己可能令人胆怯和害怕，而自我关怀的视角可以缓解这种恐惧。即使你搞砸了，你也有自己做后盾。自尊需要夸大自我评价，而自我关怀则不同，它能保护我们，免受自我批评的攻击。或者说，正如洛莉·戈特利布（Lori Gottleib）在她的著作《也许你该找人聊聊》（*Maybe You Should Talk to Someone*）中所写的那样，自我关怀提出的问题是"我是不是人"，而自尊提出的问题是"我是不是足够好"。当人们关怀自己时，就能更加诚实地进行自我评价，这是自我完善和自我发展的一个重要方面。自我关怀可以避免全面的自我否定，帮助你发现自己的弱点，进而激励你改进这些弱点。与自尊相比，自我关怀能够帮助你更准确地认识自我价值，降低自恋程度——这对一切关系来说都是至关重要的因素。[5]

◡ 通过心呼吸冥想，提升自我关怀

心脏的能量中心位于胸部中央。请花一点时间来练习心呼吸。

（1）将一只手放在心脏中央，这能帮助你集中注意

力。每次吸气时，将正能量吸入心脏中央。

（2）屏住呼吸，感受心散发出的爱的频率。呼气时，将这种爱的能量带到内心深处。

（3）每次吸气时，将注意力集中在这个能量中心，更深地吸气。每次呼气时，将多余的想法或能量排出体外。继续通过心脏呼吸。扩大这个爱的中心，它是你的关怀之源，是你的自我指南针。

自我关怀的成长型思维模式

提升自我关怀能够帮助你更好地从挫折或失败中恢复过来，原因之一在于，个人可以通过练习和努力实现成长。斯坦福大学心理学教授、《终身成长》（*Growth Mindset*）一书的作者卡罗尔·德韦克（Carol Dweck）认为，这是一种扩张型或成长型思维模式，即认为性格特征和能力是可塑的。与之相反的是固定型思维模式，即认为性格特征和能力是一成不变的。如果你认为十年后的自己将与现在一样，那么个人成长的空间也不会太大。

收到负面反馈或遭遇负面事件后，拥有成长型思维模式的人会继续努力，争取做得更好或成为更加优秀的人。因此，他们不太可能崩溃或陷入情绪漩涡。另外，如果你认为一个人的才能是一成不变的，那么努力也是徒劳。放下评判才能更加坦然地面对自己的消极方面，并努力改进，因为你不会被负面反馈吓住。你可以带着自尊、友善和同情来不断调整自身行为。

自我关怀与真实性

自我关怀与真实性之间也存在关联——它建立在一个理念之上，即你的生活不是挣来的，而是生来就值得如此。孟菲斯大学曾进行过一项研究，要求参与者在一周的时间里对自我关怀（"今天，我对自己表现出关爱、理解和善意"）和真实性（"今天，我在与他人的互动中感受到了真实和真诚"）的水平进行评分。在其中几天，参与者表示对自己的关怀水平高于平均水平，与此同时，他们所报告的真实感也更强。[6] 当我们感到真实，能够做自己的时候，我们就不会那么在意社会的负面评价。我们会感受到一种内心的平和与喜悦，即一致性。奈弗将其描述为"将一个人的痛苦包裹在自我关怀的温暖怀抱中，积极的感受因此而产生，它能抵消消极的感受，从而使精神状态更加愉悦"[7]。这是一种与自己相处的积极方式，它能产生幸福感。当内心感到满足时，不仅我们自己会感到更加平静，其他人也能感受到。

人们能感受到他人的真实与虚伪，正如前文所述，虚伪对任何人都无益。如果一个人在与他人的互动中感受到真实，那么双方便能建立起更加牢固的关系。不论是感到在亲密关系中更加满意，还是在提供人文关怀的工作环境中的富有同情心的工作场所。研究发现，当员工认为领导者忠于自我时，真实的氛围会在整个工作场所蔓延开来。[8] 即使我们经受考验，自我意识受到挑战或批评，但是，将自己视为一件"在制品"，有助于建立真实的职业认同与个人身份。

😃 评估自我关怀

通过下列问题，我们可以对自我关怀进行有效的评估。我们需要每隔一段时间来复查自己的情况，看看自己发生了哪些变化。请根据下列问题为自己打分，最低 1 分，代表完全不能；最高 5 分，代表完全可以。

（1）我是否能停止与他人比较？

1 2 3 4 5

（2）我是否能放弃追求完美？

1 2 3 4 5

（3）在艰难的时期，我是否能善待自己并积极地与自己对话？

1 2 3 4 5

（4）我是否相信自己已经足够好？

1　2　3　4　5

（5）我是否相信自己值得这一切？

1　2　3　4　5

（6）我是否相信自己值得被爱？

1　2　3　4　5

（7）我是否愿意接纳自己的全部（无论拥有什么样的缺点）？

1　2　3　4　5

对于得分低于 3 分的问题，请问一问自己：我可以通过哪些方式来提高分数？花点时间将措施具体化，并想象更大的自我关怀会带来怎样的感受，同时思考它对你的人际关系的影响。

魔镜魔镜告诉我

自我关怀很难，即使对我这样的"专家"来说也是如此。我忙着照顾别人，却忘了关爱自己。我不仅失去了幽默感，而且他人的需求之声无比嘈杂，导致我内心的照顾者沉默不语。多年来我汲取的所有智慧，读过的所有书籍，听过的所有演讲，参加过的所有会议，都无法让我重新振作。

　　我突然意识到，在自我关怀方面，我一直在使用廉价的冒牌货。我一直在大肆宣扬它的优点，认为我在关注自己的需求，每天冥想 30 分钟，每周吃一次外卖，时常停下来嗅一嗅玫瑰花香。通过自我欺骗，让自己产生一种错觉：我既能照顾好自己，同时还是一个尽职尽责的母亲、女儿、姐妹、朋友、伴侣、员工和具备公民意识的公民。多年来，我的注意力遭到许多事物抢夺，"大我"变成了"小我"。后来我们碰上了新冠病毒疫情，我将工作安排在家里，撰写这本有关快乐的书稿，同时每天遭受来自世界各地令人沮丧的消息的轰炸，一次又一次地被封锁隔离，还要完成单调乏味的家务事。更糟糕的是，我还得忍受更年期带来的潮热和睡眠障碍（我觉得更年期应该改名 pausewoman①）。封锁隔离成了我的好朋友。我从"交际花"变成了"茧中人"，厌倦一切老掉牙的借口。

　　后来，"付出病"吞噬了我。我非常擅长对自己的身体和情绪问题轻描淡写，我相信自己可以继续给裂开的伤口上贴膏药。为了激活一个更加友善、更加富有同情心的自我，我迈出的第一步就是求助于那些能给我提供帮助的人。医生告诉我，任何药物或补剂只能满足健康需求的 30%，剩下的 70% 要靠自己。结束了长时间的咨询后，她在临别时送给我一句话，深深地触动了我："你知道自己需要什么。"然而我在想：不，我不确定。

———————————

① "更年期"的英文为 menopause。——译者注

然后，当我走向门口时，她又说了一句："善待自己。"这让我泪流满面。

我内心的指南针失去了方向，它擅离职守（没有得到正式的休假批准就离开工作岗位）。没有能发挥作用的指南针，内在的关怀之心变成了无法发挥作用的"离子"。我需要做一些激进的事情。我牺牲自己太久了。没有捷径可走，也没有快速的修复方法。我只有先关注自己内心的需求，然后才能回到自己热爱的事情上——为他人付出。这是最适合我的做法，我唯一能做的事情。为我枯竭的精神加油；鼓起勇气，听从灵魂的召唤；重新与大自然、阳光和内在微笑建立联系；回馈自己的身体、心灵和精神。我需要时间和空间来改变内在的叙事方式，从而达到治愈的目的。在远北昆士兰的自我发现之旅为我提供了契机。我需要为自己提供精神上的阳光和水分。

一旦接受并承认了这一点，自我评判之墙便轰然倒塌。我整个人又回到了微笑模式。心理学家兼冥想导师塔拉·布莱克（Tara Brach）在著作《激发慈悲心》（*Radical Compassion*）中的一句话引起了我的注意。禅师夏绿蒂·净香·贝克（Charlotte Joko Beck）说："我们能否宽恕，直接关系到我们能否在生活中感受到快乐。"[9] 让我重拾快乐的道路始于发自内心地原谅自己的所有错误行为。向前迈进，让自己摆脱过去，摆脱自责，允许自己释放痛苦和创伤（无论是自我造成的还是其他原因产生的痛苦与创伤）。为了给内心的声音和评论增添关爱与善意，我需要接受自我关怀"学习者"的身份，尽管我曾自欺欺人地表示自己已经具备强大的自我关怀能力。

☺ 感受自我关怀（而不是思考它）

研究表明，支持性的触摸能降低皮质醇水平，触发身体释放有益健康的神经递质，包括催产素和血清素。如果朋友或亲人不在身边，我们也可以靠自己达到类似的效果。

（1）给自己一个拥抱，将手放在心脏的位置，再将手放在疼痛的部位，用双手抚摸自己的手臂。

（2）每个姿势保持至少15秒，关注自己的感觉。你是否感到轻松或解脱？如果有这样的感觉，请将这个姿势多保持一会儿，加深并扩大这种感觉。身体上感受到的抚慰会增加爱与温柔的感觉。

（3）花一点时间将思考过程抛到一边，沉浸在自我关怀的特性中——爱、友善和接纳。

之所以分享我在自我关怀之路上的"失败"经历，是为了帮助你理解，个人的成长是一个旅程。读一读这些文字，然后说一句"完成任务"，这远远不够。与本书中的许多主题一样，"关怀"也是一项内在任务。它既与思维模式有关，又与心境有关。没有人可以像你一样对自己给予关怀。你需要激活和实践自我关怀。否则，它就会像我们的许多潜能一样，陷入休眠和沉默的状态。

真正的自我关怀需要倾听并尊重自己的需求，学会接受而不是排斥。也许你不需要做一些疯狂的事情，比如我那种激进的说走就走的旅行，但重新塑造伴你一生的内在对话、信念和工作方式的确是一件复杂的事情。我们一直在经受考验，无论是感情破裂、经济压力、健康问题或悲伤的心情——生活充满了挑战，就算拥有世界上所有的爱和支持，但我们最需要的爱是深植于内心的爱，有了它，我们才能成为自己最好的朋友和支持者。

无论你所爱之人有多么重要，没有人比你更重要。

我们时不时就会做傻事，人无完人。所以，你难免会搞砸一些事。你可能会觉得自己像个骗子，甚至觉得自己很失败。你需要压制内心的破坏者。与其感到尴尬或者采取防御手段，不如拥抱自己的不完美。是时候卸下用来隐藏不完美的面具了，你可以重新构造"我是完美的"理念。请停止对自己的全面否定。

如果你想要做一个自我关怀的人，你必须迈出第一步，尝试去做自我关怀。想象一位好朋友、导师甚至地位更高的人。他们会对你说些什么？用你觉得合适且真实的方式进行试验。练习，再练习，最终你可能摇晃，但不会倒下。

久而久之，就像我一样，你会发现自己脸上的笑容变多了，内心感到更加愉悦和满足。你会为自己的不完美而笑，也会更加轻松地对待自我感知到的缺点。微笑着关爱自己，这是一个绝佳的机会，让我们用内心的喜悦取代评判，用内心的爱取代厌恶，用内心的感恩取代悲伤。将笑声效应融入自我关怀的仪式中，这是我们每个人都向往的心境。这样的心境可以接纳并扩展各种形式的爱。滋养内在的关怀之心，是你能为自己做得最仁慈的事情之一。因为我们已经明确，你很棒，你很重要，无论你有什么样的缺点。已故励志作家路易丝·海（Louise Hay）曾这样激励我们："这么多年，你一直在批评自己，可是并没什么效果。试着认可自己，看看会发生什么。"

第 10 章

快乐日记与积极重构

当我写作时，我可以抛开一切。我的悲伤消失了，我的勇气重生了。

——安妮·弗兰克（Anne Frank）

用书写来缓解压力或叙述自己的故事，这是处理情绪和探寻内心深处想法的有力工具。它为负面情绪提供了避难所。但它如何培养积极情绪，强化生活中的美好呢？笑声效应为日记的疗愈作用增加了另一个元素，即以一种真实自然的方式扩展积极情绪，并将我们的思维模式导向一个充满热情、更加快乐的自我。虽然我们的想法由大脑产生，但快乐日记也能带来身心和谐，促进心理健康和幸福。它在任何时候都很重要，尤其是当生活变得一团糟时。

快乐日记不同于一般的日记。它将笑声效应融入书面文字中，通过另一种方式加强幽默、大笑与轻松的神经通路。它是一种刻意的写作方式，旨在增强积极的个人成长和心理复原力。快乐日记并非否认对负面事件的探索，也不是像社交媒体上的许多人那样维持表面的快乐，而是尽最大努力去剥夺负面情绪的"永久居住权"。或者像俗话所说的那样，"你的问题成了你身体的一部分"。

你不需要彻底转变，让消极想法毫无容身之地，相反，你需要引导自己尝试更微妙但有益的思维方式。这也是一种捕捉和强化转瞬即逝的积极情绪的技巧。快乐日记磨炼了我们在某种情况下寻找和放大光明的能力，无论这种光明有多么微弱。等到通往轻松的大门打开以后，你就可以质疑大脑的信息，选择是否相信它产生的想法。这样一来，你就踏上了自我发现之路，去拓展并培养对你有益的品质。

身体和心灵是情感和记忆的存放处。将内心的想法转化为语言，可以改善我们的精神状态。当你在书写一个充满压力的事件时，身体也会做出相应的反应。它会变得紧张——牙关紧咬，下巴收紧，心跳加速，屏住呼吸。叙述生活中的乐事或者一天中进展顺利的事情，会让人感到平静和安宁。我们会呼气、叹息、放松肌肉、放松精神，甚至面露微笑。这就是笑声效应。

花点时间问问自己（在大脑中想或者写下来）：我的身体现在是否感到有压力？如果有，这些压力被存放在什么部位？有时候，意识本身就能化解情绪的黏滞。

现在问问自己，身体的哪些部位能够感受到快乐，怎样才能感受到更多快乐？通过这种方式，你可以说出自己的情绪。因为身体无法思考，所以你要给它一个用自己的语言进行表达的机会。正如前文讨论的那样，情绪持续的时间越长，对生理的影响就越大——既有好的影响，也有不好的影响。

对比强烈的情感交织在一起，吸引着我们的注意力。下面这则来自美国切罗基族的有趣寓言——《两只狼的交战》（*The Tale of Two Wolves*）解释了这一点。一位切罗基老人在教导孙子人生真谛的时候，对男孩说：

> 在我的内心深处，一直在进行一场鏖战。
>
> 交战双方是两只狼。一只狼是恶的——它代表愤怒、嫉妒、悲伤、悔恨、贪婪、傲慢、自怜、内疚、怨恨、自卑、谎言、妄自尊大、高傲和自负。
>
> 另外一只狼是善的——它代表喜悦、和平、爱、希望、宁静、谦逊、仁慈、宽容、同情、慷慨、真理、怜悯和忠贞。同样的交战也发生在你们的内心深处，在所有人的内心深处。
>
> 听完他的话，男孩沉默不语，过了片刻，他问老人："哪一只狼获胜了呢？"
>
> 这位切罗基老人回答道："你喂给它食物的那一只。"

你在喂养哪只狼？消极想法是正常的，但它会贪婪地吸引我们的注意力，给心理健康和情绪带来不良影响，消耗我们的能量。正如前文所述，我们的想法可能是自己最大的敌人，它会使我们的情感逐渐恶化，滋生出对自己的不满。负面情绪会使我们的注意力、认知和生理反应集中在应对眼前的威胁或问题上。[1]我们也许难以承受这些负面情绪，因此才会被吸引去书写那些具有挑战性的东西，以搞清楚自己的困境。

快乐日记揭示了许多人深埋在灰尘和蜘蛛网中的一面。这一面被深深掩盖，以至于你都怀疑它是否存在过。我们面临的一个挑战是，积极想法往往转瞬即逝。它们是耳语，而不是呐喊，因此人们常常低估其重要性。我们很少注意到积极想法诞生的时刻，除非它们是醒目的庆祝日——也许是生日、升职日或结婚纪念日。正因如此，我们才需要更加关注积极的想法。用积极意图来写日记是抑制消极想法的有效途径。

我们可以通过喂养内心的"善狼"来积累积极情绪，拓宽并构建持久的社交、心理和实践力量，帮助我们应对生活中的各种挑战，关注身体、智力、情感和精神等多方发出的情报。这并非意味着倾诉苦恼毫无益处，但如果没有轻松的机会，这些苦恼就会像恶霸一样，将我们击倒在地。

☺ 喂养一只大恶狼

描述一次你拒绝积极转变的经历。

你的行为是出于恐惧、愤怒还是失望？

现在回想一下这段经历，你对积极转变是否仍有挥之不去的抵触情绪？如果是，请制订一个计划来帮助你克服它。

　　你目前是否还对其他事物怀有抵触情绪？如果向这种抵触情绪投降，你的故事会发生怎样的变化？你需要做些什么？

　　在你的生活中，FEAR（False Evidence Appearing Real，看似真实的假证据）在多大程度上对你造成了阻碍？阻碍了你的激情、人际关系，阻碍了你成为可信可靠的人，即真实且美丽的自己？

　　当我们反思自己的处境时，客观的距离会让我们对自己的故事产生怀疑：有多少是真实的，有多少是虚假的，有多少是积极的，又有多少是消极的。马克·马图塞克（Mark Matousek）在《写作唤醒：真相、转变和自我发现之旅》（*Writing to Awaken: A Journey of Truth, Transformation and Self-discovery*）一书中描述了如何在写日记的过程中成为"旁观者"。日记是一种思考的透镜，让我们看到新的可能性和视角，将我们与感觉、直觉和情商相关的大脑右半球联系起来。这是一种给自己提建议的方式。通过培养"旁观者"，我们意识到自己是讲故事的人，而不是故事本身。写日记为我们奠定了从新角度理解自我的基础——关注那些"啊哈"（顿悟）时刻和"哈哈"（大笑）时刻，它们打开了意识隐秘的一面。这是一种宝贵的资源，正如爱因斯坦所言："任何问题都不可能在产生问题的同一意识层面上得到解决。"

马图塞克也提倡初学者心态，它是纯净无邪的，可以不带偏见地迎接每个时刻。这种心态可以包容各种可能性，于是你会发现，生活中的很多事情都发生于不经意间，或被视为理所当然，而老手心态可能是盲目的，对新的视角或可能性视而不见，被评判和愤世嫉俗所干扰。初学者心态意味着，我们可以怀着好奇甚至兴奋的心情，去接受那些并非天然存在于意识框架中的想法、信念和感受。一个孩子可能会对人生首次火车之旅感到兴奋，同样的，书面文字也将我们的思维从单一轨道训练成多元轨道。

消极的想法不会消失，但随着时间的推移与反复的练习，它们的主导性会逐渐减弱，于阴霾中寻到光明。例如，表达愤怒可能会释放压抑的情绪或揭示其根源。想象一根小小的火柴。当它被点燃时，可以照亮一个黑暗的房间。我们的思想也是如此。从生理上说，我们不可能同时拥有两种相互冲突的思维模式，因此，你可以有意识地改变自己的思维模式。正如梅根・海耶斯（Megan Hayes）在其著作《写出快乐：积极日记之术》（*Write Yourself Happy：The Art of Positive Journaling*）中所描述的那样："积极的感觉从来不是强制性的，它是一种可能性。"我们每个人都可以选择用积极的基调来书写。

《活出生命的意义》的作者维克多・弗兰克尔非常明智地指

出，当你选择了自己的态度，你就不可能成为受害者。受害者心态是一个残酷而贪婪的主人。我们常常被它蒙蔽双眼。我的肠癌诊断本可以作为我受害者的宣告。虽然情绪过度紧张，但我听从了灵魂的声音，拿起纸和笔，借此重新获得一些掌控力，于是我被书面文字拯救了。在刚开始写日记的时候，我意识到自己的想法对感受造成了怎样的影响，也意识到自己拥有多大的掌控力。如果我把注意力集中在那些负面词语上——恐惧、厌倦和沮丧，那么我的感受就是恐惧、厌倦和沮丧。但是，如果我去思考一些稍显积极的事情——哪怕只有一瞬间，我的想法和情绪都会朝着这个方向发展。

我处在一个有利位置，可以选择是留在一个更加令人振奋的空间里，还是屈服于无助或绝望的消极感受。有了积极的意图和注意力，新的见解就会浮现在脑海中，那些对我不利的信念、感受和想法便突显出来，于是我可以挑战并改变它们，也可以选择不改变。这是我个人的选择。在反省的沉默中，我打开了一条私人通道，它通往直觉，即更加智慧的自我。在这个神圣的空间里，我可以有意识地进一步探究实践。那是我第一次应用笑声效应来写作，而不是让积极的情绪顺其自然地流淌。这帮助我从消极的"舒适区"中解放出来。正如"乐观项目"（Project Optimism）负责人珍妮·博伊玛尔（Jenny Boymal）所说："如果事情没有达到最好的结果，说明它还没有结束。"这些话也许由我的大脑产生，但通过实践与专注，渗透进了我的肉体与灵魂中。

让内在声音更加清晰

通过书写来探究生活中发生的一切时，如果能融入友善、包容，甚至是笑声，那么我们将得到最丰厚的收获。笑是一个镜头，通过这个镜头，用心去书写，我们会发现并以谦逊甚至可能是幽默的态度接纳广阔的自我维度，进而有时间去处理自己的思维。它让我们去思考自己很少关注的方面——天赋、优势，以及生命中遇到的所有人和经历，这一切造就了现在的自己。它帮助我们关注自己的身体，过去许多年来，我们的身体和情绪都受到了制约。它也为我们提供反思的空间，让我们反思为什么没有做自己想做的事情，为什么没有勇气过最快乐、最充满激情的生活，或者反思个人的障碍在哪里。在纸上书写的笔或者敲击键盘的手指就是我们的指挥棒，它决定着我们如何选择自己的人生。

> ⚲ **血清素姐姐**
>
> 问：我不太擅长写作，高中英语老师的评价进一步强化了这一点。我不确定写日记的方式是否适合我，也担心写日记是不是很难。

答：令人惊讶的是，有些人告诉我们的事情会伴随我们很多年，而有些人所说的话转头就被我们抛在脑后。值得庆幸的是，你的日记不需要被打分。此外，我们不必相信别人对自己的评价，如果你有这种倾向，我建议你把注意力集中到别人对你的赞美上。写日记是将意识和潜意识中的想法转移到纸上，包括有趣的点子和混乱的思绪。无论语言多么精妙，写作的过程都会产生一定的距离感，从而让你质疑并解除无益的思维模式。现在就开始吧，然后看看会有什么结果。你真的不会写错。英语老师所说的话让你产生了某种信念，但也许开始写日记就是对这种信念发起挑战的最佳时机！

😊 激活超能力！实现远大梦想

（1）你有哪些超能力，即优势和天赋？

（2）你希望自己拥有什么样的超能力？为什么你喜欢这种能力，你会如何使用它？

（3）经常激活这种超能力会让你在哪些方面变得更强大，并在哪些方面与你的人生意义和目标建立更加紧密的联系？

用笑声效应重构注意力

梅根·海耶斯鼓励我们："积极地书写未必需要戴上玫瑰色的眼镜^①，它更像摘掉一副被弄脏的眼镜。"笑声效应的关键在于将被弄脏的眼镜放在一边，通过积极的视角重新构建压力或痛苦的情境。这有助于大脑从另一个角度回忆这些事件，减轻相关的创伤。它体现了另一种思维方式，即将问题重新构建成学习的机会，同时收获新的观点。它还能防止那些"应该"的想法——我应该有这种感觉，或者我不应该有那种感觉。它会影响我们的身体以及对压力的免疫力。用轻松的方式重构压力环境，或在紧张的情况下寻找乐趣，这样能够培养一个人的复原力与精神自由。它不仅给我的生活带来显著影响，据我所知，在我的客户身上，它也发挥了同样的作用。

我人生中最具颠覆性的一次重构，就是对"癌症"一词的认识——从绝症到疾病，我意识到癌细胞只存在于直肠的一个小区域，身体的其他部分（如我所祈祷的那样）都很健康。重构减轻了情绪负担，为康复和健康创造了更多空间。它也帮助我的孩子们渡过难关：只要妈妈得的不是绝症，希望就会大大增加。我们的未来会更加光明，我们都能更好地应对疾病。

后来，在接受肠倒置手术之前（我感觉这个说法意味着改

---

① 戴上玫瑰色的眼镜是指只看到事物积极的方面。——译者注

变肠道的方向），我把这个术语改成了"肠道重连接"。有些人可能会说这纯粹是语义学上的问题，但对我来说，这种重构意义重大。它为我的语言注入了积极的元素。我希望与新事物和未来的可能性重新建立联系，我的肠道将被捆绑在一起，迎接未来的旅程，而不是被束缚在过去。我甚至把工作电脑密码改成了 Reconnected@120（reconnected 是指重新建立联系，120 指的是传统中祝福某人健康快乐地活到 120 岁）。这一举动减轻了我在手术前的焦虑，也让我重新找回一些掌控力，克服了又一次任由手术刀摆布的无助感。

案例学习：重新书写你的故事

我的客户苏珊看似拥有完美的生活：美满稳定的婚姻、成功的事业、优秀的子女，最近她的孙辈出生，并且经济条件足以让她享受奢侈的生活。她并非不快乐，但也远谈不上快乐。她似乎感到快乐不在自己的控制范围之内。快乐不是一种权利，而是必须靠自己去争取的东西。除了向她介绍感恩练习、正念呼吸与促进个人内啡肽分泌的因素，我还注意到她具有创造才能，于是建议她写积极日记。以快乐为基调进行写作：描绘生活中的快乐，回顾自己感到最快乐与最不快乐的时刻，当时她与谁在一起，在做什么，最重要的是，感受快乐在身体中的感觉。

在下一次见面时，苏珊迫不及待地分享了自己的顿悟时刻：她意识到自己从小就被贴上了"坏女孩"的标签。在与其他三个年龄相仿的兄弟姐妹争夺注意力的过程中，苏珊总是做些出格的事情。这些年来，她一直怀有一种不配得感："坏女孩"不配拥有幸福。用笑声效应写日记，让洞察之光照射进来。这有助于释放出那些被困在过去的停滞的强大能量，让她可以安全地面对内心的破坏者。将过去的"坏女孩"重新塑造为"需要爱与关注的女孩"，从而铺就一条更加快乐和乐观的未来之路。几个星期后，她的显著转变令我吃惊，我看到她的心态变得愈发轻快。随着学习的深入，她越来越能接受快乐是一种权利。

以感恩为基调的重构让我意识到，无论外在环境如何，我都可以刻意唤起笑声效应，从而质疑和改变我的内在环境。通过质疑自己的叙述，我获得了宝贵的启示。随着时间的推移，我能够将创伤视为挑战，而不是质问"为什么是我"。这就是转变的地方。一位当代睿智的哲学家荷马（当然，我指的是荷马·辛普森）把这描述为 Crisitunity，即危机中的机遇。这种感悟不太可能出现在创伤发生的时候，通常只有在最严重的创伤过去之后才会出现。对于有些人来说，它可能是一种顿悟；对于另一些人来说，它是一种认知感，通过笑声效应，从顿悟时刻到大笑时刻，反之亦然。无论它如何被发现，这都是一个治愈的机会。它将你的生活带入一个新的方向，帮助你摆脱受害者心态。

　　仅仅讲述创伤事件不足以撼动顽固的痛苦。我们需要勇气和反省，再加上实践和努力，才能重新建立大脑的积极连接。重复行动，哪怕是将内心打开最小的一条缝隙，轻松接纳，也会带来视角的转变。久而久之，通往积极和快乐的神经通路得到加强，积极和快乐便流向我们的情感、精神和身体。

案例学习：重构与日记

　　我的客户本是一位 30 岁出头的营销主管。爱人投入他人怀抱，离他而去之后，他就陷入了低谷。他感到伤心欲绝，也丧失了幽默感，于是向我求助，希望我能帮他振作起来。起初，他因失恋而伤痕累累，很难找到任何积极的东西。然而，在几周的时间里，积极的重构和撰写快乐日记扩展并拓宽了他的视野，振奋了他的情绪和心态。

　　在交谈开始之初，我解释说，他不需要否认那些艰难的东西，不需要否认自己受到的伤害，也不需要否认他对前任伴侣的思念，他只要承认自己对情感状态有多么大的支配能力。如果他选择纠结于关系的恶化，就只能看到这种恶化的结果。通过一些温和的引导，他的想法从"这是世界末日"转变为"这只是一章的终结"。本着积极的意图去写日记，本看到一扇门关闭所带来的许多机会，他不再被动地等待另一扇门的开启，而是让自己推开一扇新的门。他开始认识新朋友，感恩与前任伴侣共度的时光以及共享的快乐时刻，反思自己从这段关系中收获和学到的东西，比如他发现自己需要培养一定的情商。想到这些，他不禁会心一笑。我甚至建议他给前任写一封信（不一定要寄出，除非他特别想），感谢他们共同度过的美好时光。

将这段经历重构为成长的潜力和重新开始的机会，未来和过去都将不再暗淡无光。本不再像最初那样认为自己是个失败者，而是通过书写提升了自信，相信自己是一个值得被爱的人，并且有足够的勇气去冒险追求爱情。经过几个星期的时间，他开发出内在潜能，提升自己的复原力，不仅仅是感情破裂，对于生活中的任何低谷，他都做好了准备。正念练习能够提供支持、激发喜悦，将悲伤的眼泪化作喜悦的泪水。这并不是说他未曾心痛，只不过，他运用笑声效应让自己重新振作起来，成为一个更加乐观的自己，轻松愉悦，又坚忍不拔。

☺ 重构你的伤痛

在经历艰难或痛苦的时候，我们很容易沉浸在当下，无法从更广阔的角度来看待问题。拿出一张纸，回忆一下生活中某个充满压力、痛苦或具有挑战性的时间或事件。但最好不要选择那些极度痛苦或具有挑战性的事情。

（1）当你回想这件事时，尽可能多地列出积极的一面。有哪些地方值得感恩？请记住，感恩可以针对过去、现在，也可以针对未来。你能否从中找到成长或学习的机会？

（2）如今事情已经过去了一段时间，你是否还能找到乐趣或轻松的感觉？

（3）重写这段经历，承认你所强调的一些积极因素。这样可以帮助大脑减少对这件事的创伤回忆，减轻相关的情感痛苦。

择善而从之

在实践中提出问题，关注感恩、希望、好奇、宁静、爱、尊敬和喜悦，只有这样才能远离负面情绪。我知道，写作对某些人来说可能并不容易，或者很不习惯。

无论在学校你被告知了什么，其实写作并没有对错之分：只要写就可以。你会找到自己的声音，找到自己的路。无论是散文、随笔、意识流写作，还是写作者最喜欢的要点写作。无论是每天开始时写作，还是结束时写作，这都不重要。但是，运用笑声效应，在睡前写日记，这个方法有一个好处：让意识朝着积极的方向发展，为潜意识提供养料，丰富你的梦境。

如果用电子设备写日记，尽管自动更正功能可能会发出提示，但你不需要过度关注语法或拼写。更重要的是充分探索和表达自己的愿望，让浮出水面的东西得以呼吸。

通过有意识地停顿，抓住正在思考的自己，重新控制大脑中根深蒂固的负面偏好。借助这个机会，你可以问自己：这些想法、信念或情绪提供了帮助还是阻碍？在写作的过程中，关注身体的感觉——你的呼吸（是否屏住呼吸）、心率、肠道、喉咙或胸部的感觉，从而进一步强化这一过程，引导我们关注内心的声音。

在写作的过程中，请保持耐心并善待自己。我喜欢利用笑声效应来写日记，它可以刺激写日记的欲望。也许你一次只能写一个词，但不要因为沉溺于内心的评判或批评而给自己施压，认为自己"做得不好"。如果你感到内心有所抵触，可以尝试写一些轻松的日记。多写肯定句，它可以激励你实现自己的目标。成为自己的啦啦队长。如果我们经常大声地或无声地重复这些话，大脑就会开始相信这些话，这个新的事实会在大脑中扎根。看起来这个事实好像是逐渐显现的，但实际上它需要更多的控制力量。

如果积极书写的建议让你却步，或许你可以将这一过程想象成编剧的白日梦，让自己沉浸在心灵的游乐场中。你也可以从一些导师那里汲取灵感。朱莉娅·卡梅伦（Julia Cameron）是一位艺术家、诗人、剧作家、小说家、电影制片人，代表作有《唤醒创作力》（*The Artist's Way*）。她提倡写晨间笔记：每天早上第一件事就是写下三页纸的意识流式的随笔。内容可以是你脑海中闪过的任何事物。这是让头脑清晰并为新的一天定下基调的好方法，你可以将任何多余的想法写在纸上。这是孕育顿悟的沃土，它改变了全球无数人的生活，我也不例外。

但是，正如前文所述，自由流畅的写作不同于快乐日记，后者不会放过创造一个乐观的内在环境的机会。传统的日记也有可能让我们沉湎于负面情绪，而不是将自己从心灵的沼泽中唤醒。在逆境的泥沼中挣扎，你会付出代价，它会让你的一天都弥漫着刺鼻的气味。快乐日记可以强有力地提醒你，任何一个故事，无论它有多重要，都不能完全定义你，因为你总是有能力改变。正如我的客户苏珊所言。在这个过程中，意识中的淤泥得以沉淀，大脑开始变得清晰。在纸上，悲伤可以转化为感激，恐惧可以转化为爱，软弱可以转化为力量，内心的评判可以转化为认识，怨恨可以转化为风度，黑暗可以转化为光明，有限的认知可以转化为无限的可能。正如剧作家、编剧和作家凯瑟琳·安·琼斯（Catherine Ann Jones）在《用写作治愈》（*Heal Yourself with Writing*）一书中写道："用快乐的记忆去浇灌那些让你变得完整的小种子。"

通过练习，你会开始感觉到你的骨头——尤其是你的笑骨发生了变化。多一些积极，多一些喜悦。重新掌握自己的生活——这是幸福的基本属性。

作为文字工匠，我们可以创作属于自己的励志故事，肯定自己内心深处的希望和渴望，让最甜蜜的梦想成为现实。当我们对故事的认知发生变化时，我们的世界也会随之改变。正如英国浪漫主义诗人威廉·华兹华斯（William Wordsworth）给我们的启示："在纸上书写心灵的呼吸。"这才是奇迹开始的时候，从这里出发，你将走向无限的潜能。当你能够"引领灵魂"［感谢埃尔顿·约翰（Elton John）[①]］时，一切皆有可能。善恶仅在一念之间，你会做何选择？请记住，你永远都有选择的权利。利用笑声效应写日记，有助于你从淤泥中挖出金子。改变你的故事，改变你的生活。

写日记

下面这些活动可以帮助你开展这项具有积极作用的新的日常活动。

这里介绍一些基本的规则：

- 请不要把事情想得太复杂。没有必要为了开始而购买"完美"的日记本。请记住，没有对错之分，写就对了

---

① 埃尔顿·约翰是英国著名歌手，"引领灵魂"（pilot of your soul）出自他的歌曲《Take Me to the Pilot》。——译者注

- 留心积极的时刻。关注一天中的美好事物，并将其扩展

- 保持初学者心态，做想法和情绪的旁观者。练习的方式可以很简单，比如，写一段肯定的话

- 如果你正在经历一个特别具有挑战性的时刻，就通过日记"跳"到未来。在脑海中创造一个充满希望的场景，表达对轻松愉快的渴望

关注自我关怀

写日记有助于锻炼你的自我关怀能力。下面是一些提示，可以帮助你更好地开始。

- 当你失败或犯错时，脑海中会闪过哪些念头

- 你的内心声音是严厉的还是友善的？它在告诉你什么？坚强起来，停止抱怨！或者你能行

- 在这种困难的情况下，你会对朋友或亲人说什么

- 你是否承认人人都有缺点，每个人都会经历失败

- 你能否正确地看待自己的负面情绪

- 请写下你对朋友或亲人表达关怀和善意的多种方式

承认所有的感受，即使是不舒服的感受。接纳自己的全部与所有情感，这是治愈的关键。写日记可以让感受来来去去，它们并不能定义你。

培养感恩之心

- 怀着感恩之心记录生活中的一件事

- 你对自己的哪些方面心存感激？进一步拓展，想想别人

会对你的哪些方面心存感激

快乐随笔

- 生活中的哪些人或者哪些事可以为你带来更多的快乐？如何获得更多快乐

- 当你将注意力集中于这些事时，你的心理、情感与身体产生了什么感觉

向爱倾斜

- 你的哪个身体部位可以感受到爱？让文字引导并加深你对爱的体验

- 你可以采取哪些方法去提升自己爱与被爱的能力

心流

- 描述生活中的一次心流体验，当时你完全沉浸其中，时间仿佛停止了。如何增加心流的次数

激发好奇心

- 哪些事物能激起你的好奇心？哪些事物令你着迷

- 你想进一步了解什么

敬畏

- 回忆一下你真正感到敬畏的时刻。落日、奇遇或与更高更强的力量合一

平静的当下

- 写下那些能够使生活变得更加平静的事物。不加评判，以同情的态度面对这种需求。制定一个计划，确定必要

的实施步骤

激发激情

- 在你最早的记忆中，你对哪些活动充满热情？它给你带来怎样的感觉？身体的哪个部位能够感受到这种激情？你是否继续从事这项活动？为什么

- 如果你开始从事那些让内心充满激情的活动，你的生活会是什么样子？请具体描述一下

寻找乐趣

- 重温一段有趣或好玩的经历。请随意回忆儿时的一件事。尽可能回忆出更多的细节。让这种感觉不断蔓延，直到你随着回忆微笑或大笑

- 探索并概述如何在生活中激发更多乐趣和情趣

第**11**章

笑到最后

笑让生活更美好。

——罗斯·本-摩西

很高兴能与你一同走过笑声效应之旅，这是我的荣幸。我希望这些技巧和练习不仅能丰富和活跃你的生活，也能丰富和活跃你周围人的生活。只要用心、专注和实践，你就可以构建一个更加积极乐观的内在世界，让积极的情绪扎根。这种身心练习可以扩展并建立个人力量、振奋精神，即使面对生活中的艰难险阻也毫不畏缩。

把笑声效应变成日常生活的一部分，你将快乐地开启沟通、建立联系并提升表现——无论是在家里、工作中还是在其他任何地方。通过反复练习，你的思维能更加容易地融入笑声效应的振奋能量中——将正面能量催化为行动，无论大小，笑出美好生活。

在这个过程中，你可能会遇到各种障碍。科技逐渐在生活的方方面面占据主导地位，因此我们愈发需要一些技巧，重新找回自己身上的人类特质。说到幽默或诙谐的交流，我们需要注意极为重要的社交层面。如果信息传递者是屏幕，而不是现实中一个满脸笑容的人，那么笑声效应就会减弱，我们大脑中的掌声也会减少。LOL 和 ROFL[①] 勉强能与现实世界中的捧腹大笑对等。但这并不意味着技术对我们毫无利处。即使对方在世界的另一头，只要看到他的脸，也能启动镜像神经元，如果配上微笑或大笑，就能释放有益健康的 DOSE。当然，大笑也更有可能发挥标点符号的作用。

将笑声效应付诸实践，不要被这个说法吓得畏缩不前。为了达到最佳效果，你可以选择适合自己的方式，将它融入生活。如果一天结束时你不想写快乐日志，可以看一部喜剧片。如果你没有心情进行微笑冥想，可以听一个积极向上的播客。或者，如果你不想参加一整节大笑瑜伽课，可以选择大笑 10 秒。在最后一章，你会看到一些练习和技巧，帮助你更加愉快地育儿，建立更加有趣和有意义的人际关系，更加轻松地面对疾病或逆境，营造更加幸福的工作环境，让生活更加有爱。

笑声效应未必能消除世界上所有的弊病，但它会给世界带来更多的爱，并像涟漪一样影响更大范围的社会。正如前文所述，这既是一种心态，又是一种思维方式，它为身体、思想和灵魂提供了积极转变和治愈的时刻。它也是一种策略，能够将

---

① LOL 和 ROFL 分别是 Laugh out loud（放声大笑）和 Roll on the floor laughing（笑得满地打滚）的缩写，常用于网络聊天中。——译者注

"哦"和"啊"的瞬间转化为"啊哈"和"哈哈"的瞬间。正如前文所述，这一点非常重要，不能听之任之。为大笑设定时间表，为快乐设定时间表。永远爱自己、欣赏自己、善待自己。但请不要把这些经验据为己有。当人们因欢笑而凝聚在一起时，世界会变得更小、更有爱。分享爱与欢笑。正如睿智的苏斯博士（Seuss）所言："大脑在你的头颅里，脚在你的鞋里。你可以按照自己选择的任何方式朝前走。"请选择笑声效应。

感谢你抽出宝贵的时间。祝爱、欢笑、快乐和幸福永远伴你左右。

罗斯

致谢

本书的写作是我一生中非常快乐的体验之一，我渴望与大家分享本书。

我要感谢我的丈夫丹尼和两个可爱的儿子乔希和扎克，感谢他们给予我爱和鼓励。他们相信我以及我所做的一切，支持我的写作之旅，即使这意味着我在"间隔季"会频繁抓狂。我要特别感谢丹尼，他是我写作本书时的第二双眼睛，为我提供了宝贵的反馈。感谢乔希的创作天赋；感谢扎克在我迷茫时担任我的私人 Deliveroo（外卖递送服务平台），为我提供各种服务。因为你们，我的生活变得无比丰富。

感谢我的父母布里奇特和西里尔，我将此书献给他们，感谢他们为我提供学习和成长的机会。感谢我已故的婆婆莉莉安，她的笑声与智慧为我带来启发；感谢我的公公亨利，我们共同经历了许多充满欢笑的冒险时刻。能得到双亲无条件的爱和支持，的确是一种幸福。

衷心感谢我的大家庭以及家人们对我的爱和鼓励。感谢我的众多好友，感谢他们对我的爱，感谢他们在我的生活遭遇风浪时所给予的支持。看到国际大笑瑜伽协会和幽默治疗协会不断激励他人，让欢笑的涟漪不断扩大，我感到无比兴奋。你们也是有史以来最快乐（能够纵情欢笑）的大家庭。

感谢我的挚友兼同事希瑟·乔伊·坎贝尔（Heather Joy Campbell），她为本书的初稿提供了指导和意见。感谢你所做的一切。你的中间名（Joy）完美体现了你的美好品质。

此外，本书也离不开那些心灵美好的人们，他们邀请我进入他们的个人世界，向我分享个人经历，借此来帮助更多的人。此外，还要感谢与我交谈过的许多专家和受访者，你们的智慧以及有关笑与生命转变的故事为我带来了无穷的启发。许多学者针对幽默与笑进行了多样化的研究，因此本书所探讨的内容更加鼓舞人心。我迫不及待地想知道接下来会发生什么。

在机缘巧合之下，我结识了布莱克公司（Black Inc.）的索菲·威廉姆斯（Sophy Williams），她从一开始就热情地接受了我关于这本书的想法。对此我深表感激。感谢凯特·摩根（Kate Morgan），她为人随和且充满魅力，为本书提供了宝贵的编辑反馈意见。感谢布莱克公司团队的奉献精神与激情，使我得以履行自己的使命，传播笑声效应。

最后，也是最重要的，感谢亲爱的读者们选择了本书。愿笑声效应能为你的生活增添乐趣，提升你的快乐指数。

参考文献

第 1 章　笑的历史

1　Warner 1964: 312, in Pearl Duncan, 'The Role of Aboriginal Humour in Cultural Survival and Resistance', PhD thesis, University of Queensland, 2014.

2　Sally L.A. Emmons, 'A Disarming Laughter: The Role Of Humor In Tribal Cultures. An Examination of Humor in Contemporary Native American Literature and Art', University of Oklahoma, 2000.

3　Anne Cameron, *Daughters of Copper Woman*, Press Gang Publishers, Vancouver, 1981, p. 109.

4　'Indigenous Games for Children', High Five.org, Ontario, Canada.

5　Nicole Beaudry, 'Singing, Laughing and Playing: Three Examples from the Inuit, Dene and Yupik Traditions', *The Canadian Journal of Native Studies*, Université du Québec à Montréal, vol. 8. no. 2, 1989.

6　'World's Oldest Joke Traced Back to 1900 BC', Reuters, 1 August 2008.

7　Thomas Fuller, *The History of the Worthies of England*, J. Nichols (ed.), Cambridge Library Collection – British and Irish History, Cambridge University Press, 2015, Doi:10.1017/CBO9781316136270.

8　Denise Selleck, 'On the Trail of Jane the Fool', *On the Issues*, Spring, 1990.

9　Charles Darwin, C., *The Expression of the Emotions in Man and Animals*, John Murray, London, 1872, https://doi.org/10.1037/10001-000.

第 2 章　笑着成长：笑声如何塑造我们的人生旅程

1　Judith Kay Nelson, 'What Made Freud Laugh: An Attachment Perspective on Laughter', The Sanville Institute for Clinical Social Work and Psychotherapy, California, USA, 2012, p.16.

2　Caspar Addyman, Charlotte Fogelquist, Lenka Levakova, Sarah Rees, 'Social Facilitation of Laughter and Smiles in Preschool Children', *Frontiers in Psychology*, vol. 9, 2018, p. 1048.

3　Nelson, 'What Made Freud Laugh' study.

4　Sonja Lyubomirsky, *The How of Happiness: A Scientific Approach to Getting the Life You Want,* Penguin Press, New York, 2007, p.21.

5　Lea Winerman, 'A Laughing Matter', American Psychological Association, June 2006.

6　Robert Provine, *'The Science of Laughter'*, Psychology Today, 1 November 2000.

7　Provine, *'The Science of Laughter'*.

8　Karl Grammer and Irenäus Eibl-Eibesfeldt, 'The Ritualisation of Laughter', in *Natürlichkeit der Sprache und der Kultur*, Brockmeyer, 1990, pp. 192–214.

9　Grammer and Eibl-Eibesfeldt, 'The Ritualisation of Laughter', pp. 192–214.

10　Kurtz and Algoe, 'Putting Laughter in Context: Shared Laughter as Behavioral Indicator of Relationship Well-Being', *Journal of the International Association for Relationship Research*, vol. 22, no. 4, December 2015, pp. 573–90.

11　Laura E. Kurtz and Sara B. Algoe, 'Putting Laughter in Context', pp. 573–90.

12　Doris G. Bazzini, Elizabeth R. Stack, Penny D. Martincin and Carmen P. Davis, 'The Effect of Reminiscing about Laughter on Relationship Satisfaction'*, Motivation and Emotion*, vol. 31, no. 1, 2007, pp. 25–34.

13　Freda Gonot-Schoupinsky and Gulcan Garip, 'Prescribing Laughter to Increase Well-Being in Healthy Adults: An Exploratory Mixed Methods

Feasibility Study of The Laughie', *European Journal of Integrative Medicine*, vol. 26, February 2019, pp. 56–64.

第 3 章 笑是最佳良药：发现笑声背后的惊人益处

1   'Mental Health-Related Prescriptions', Australian Institute of Health and Welfare.

2   Norman Cousins, *An Anatomy of an Illness as Perceived by the Patient: Reflections on Healing and Regeneration*, W.W. Norton, New York, 1979, p.43.

3   Thea Zander-Schellenberg, Isabella Collins, Marcel Miché, Camille Guttmann, Roselind Lieb and Karina Wahl, 'Does Laughing Have a Stress-buffering Effect in Daily Life? An Intensive Longitudinal Study', *PLOS One*, vol. 15, no. 7, July 2020.

4   Kei Hayashi, Ichiro Kawachi, Tetsuya Ohira, Katsunori Kondo, Kokoro Shirai, Naoki Kondo, 'Laughter Is the Best Medicine? A Cross-Sectional Study of Cardiovascular Disease Among Older Japanese Adults', *Journal of Epidemiology*, vol. 26, no. 10, October 2016, pp. 546–52.

5   Masao Iwase et al., 'Neural Substrates of Human Facial Expression of Pleasant Emotion Induced by Comic: A PET Study', *Neuroimage*, vol. 17, no. 2, October 2002, pp. 758–68.

6   Mikaela M. Law, Elizabeth A. Broadbent and John J. Sollers, 'A Comparison of the Cardiovascular Effects of Simulated and Spontaneous Laughter', *Complementary Therapies in Medicine*, vol. 37, April 2018, pp. 103–09.

7   Kaori Sakurada et al., 'Associations of Frequency of Laughter with Risk of AllCause Mortality and Cardiovascular Disease Incidence in a General Population: Findings from the Yamagata Study', *Journal of Epidemiology*, vol. 3, no. 4, April 2020, pp. 188–93.

8   Mary P. Bennett, Janice M. Zeller, Lisa Rosenberg, Judith McCann, 'The Effect of Mirthful Laughter on Stress and Natural Killer Cell Activity', *Alternative Therapies in Health and Medicine*, vol. 9, no. 2, March 2003,

pp. 38–45.

9 Lee S. Berk, David L. Felten, Stanley A. Tan, Barry B. Bittman and James Westengard, 'Modulation of Neuroimmune Parameters During the Eustress of Humor-Associated Mirthful Laughter', *Alternative Therapies in Health And Medicine*, vol. 7, no. 2, March 2001, pp. 62–76.

10 Sandra Manninen et al., 'Social Laughter Triggers Endogenous Opioid Release in Humans', *Journal of Neuroscience,* vol. 37, no. 25, June 2017, pp. 6125–31.

11 Adrián Pérez-Aranda et al., 'Laughing Away the Pain: A Narrative Review of Humour, Sense of Humour and Pain', *European Journal of Pain*, vol. 23, no. 2, September 2018, pp. 220–33.

12 Robert I. Dunbar et al., 'Social Laughter Is Correlated with an Elevated Pain Threshold', *Proceedings of the Royal Society of Biological Sciences*, vol. 279, no. 1731, March 2012, pp. 1161–67.

13 Clinton Colmenares, 'No Joke: Study Finds Laughing Can Burn Calories', *Vanderbilt University Medical Center's Weekly Newsletter*, October 2005.

14 Gurinder Singh Bains et al., 'The Effect of Humor on Short-Term Memory in Older Adults: A New Component for Whole-Person Wellness', *Advances in Mind-Body Medicine*, vol. 28, no. 2, Spring 2014, pp. 16–24.

15 Bernie Warren, 'Spreading Sunshine... Down Memory Lane: How Clowns Working in Healthcare Help Promote Recovery and Rekindle Memories'. In N.T. Baum, *'Come to Your Senses: Creating Supportive Environments to Nurture the Sensory Capital Within'*, Toronto, Canada, 2009, pp. 37–44.

16 Lee-Fay Low et al., 'The Sydney Multisite Intervention of LaughterBosses and ElderClowns (SMILE) Study: Cluster Randomised Trial of Humour Therapy in Nursing Homes', *BMJ Open*, vol. 3, no. 1, January 2013.

17 Julie M. Ellis, Ros Ben-Moshe and Karen Teshuva, 'Laughter Yoga Activities for Older People Living in Residential Aged Care Homes: A Feasibility Study', *Australasian Journal on Ageing*, vol. 36, no. 3, July 2017, pp. E28–E31.

18 David Watson, Lee Anna Clark and Auke Tellegen, 'Development and

Validation of Brief Measures of Positive and Negative Affect: The PANAS Scales', *Journal of Personality and Social Psychology*, vol. 54, no. 6, 1988, pp. 1063–70.

19 Sonja Lyubomirsky and Heidi S. Lepper, 'A Measure of Subjective Happiness: Preliminary Reliability and Construct Validation', *Social Indicators Research,* vol. 46, no. 2, 1999, pp. 137–55.

20 Rosa Angelo Quintero et al., 'Changes in Depression and Loneliness After Laughter Therapy in Institutionalized Elders', *Biomedica: revista del Instituto Nacional de Salud*, vol. 35, March 2015, pp. 90–100.

21 Mahvash Shahidi et al., 'Laughter Yoga Versus Group Exercise Program in Elderly Depressed Women: A Randomized Controlled Trial', *International Journal of Geriatric Psychiatry*, vol. 26, no. 3, year to come, pp 322–27.

22 Mohammad Reza Armat, Amir Emami Zeydi et al., 'The Impact of Laughter Yoga on Depression and Anxiety Among Retired Women: A Randomized Controlled Clinical Trial', *Journal of Women & Aging*, vol. 26, no. 3, March 2011, pp. 322–27.

23 C. Natalie van der Wal and Robin N. Kok, 'Laughter-Inducing Therapies: Systematic Review and Meta-Analysis', *Social Science & Medicine,* vol. 232, July 2019, pp. 473–88.

24 Paul N. Bennett, Trisha Parsons, Ros Ben-Moshe et al., 'Intradialytic Laughter Yoga Therapy for Haemodialysis Patients: A Pre-post Intervention Feasibility Study', *BMC Complementary and Alternative Medicine*, vol. 15, article no. 176, June 2015.

25 So-Hee Kim et al., 'The Effect of Laughter Therapy on Depression, Anxiety, and Stress in Patients with Breast Cancer Undergoing Radiotherapy', *Journal of Korean Oncology Nursing*, vol. 9, no. 2, August 2009, pp. 155–62.

26 Tahmine Tavakoli et al., 'Comparison of Laughter Yoga and Anti-Anxiety Medication on Anxiety and Gastrointestinal Symptoms of Patients with Irritable Bowel Syndrome', *Middle East Journal of Digestive Diseases*, vol. 11, no. 4, October 2019, pp. 211–17.

27 Takashi Hayashi et al., 'Laughter Up-regulates the Genes Related to NK Cell Activity in Diabetes', *Biomedical Research*, vol. 28, no. 6, 2007, pp. 281–85.

28 Shevach Friedler et al., 'The Effect of Medical Clowning on Pregnancy Rates After In Vitro Fertilization and Embryo Transfer', *Fertility and Sterility*, vol. 95, no. 6, May 2011, pp. 2127–30.

29 Jocelyn Lowinger, 'Laughter Plays Tricks with Your Eyes', ABC Science online, 3 February 2005.

30 Anthony Rivas, '"Mirthful" Laughter Keeps Memory Loss at Bay, Benefits the Brain as Much as Meditation', *Medical Daily*, 28 April 2014.

31 Nairán Ramírez-Esparza et al., 'No Laughing Matter: Latinas' High Quality of Conversations Relate to Behavioral Laughter', *PLOS ONE*, vol. 14, no. 4, article e0214117, April 2019.

32 Yudai Tamada et al., 'Does Laughter Predict Onset of Functional Disability and Mortality Among Older Japanese Adults?', *Journal of Epidemiology*, vol. 31, no. 5, 2021, pp. 301–307.

33 H. Kimata, A. Morita, S. Furuhata et al., 'Assessment of Laughter by Diaphragm Electromyogram', Eur J Clin Invest 2009, vol. 39, no. 1, pp. 78–9, in Ramon Mora-Ripoll, 'Potential Health Benefits of Simulated Laughter: A Narrative Review of the Literature and Recommendations for Future Research', *Complementary Therapies in Medicine*, vol. 19, no. 3, June 2011, pp. 170–77.

34 Dexter Louie, Karolina Brook and Elizabeth Frates, 'The Laughter Prescription: A Tool for Lifestyle Medicine', *American Journal of Lifestyle Medicine*, vol. 10, no. 4, September 2014, pp. 262–67.

第 4 章　大笑瑜伽与笑出健康

1 Statistics from the government of Mexico City, Undersecretary of Penitentiary System.

第 5 章　幽默的力量：从第六感到心灵疗愈

1　Sigmund Freud, *The International Journal of Psycho-Analysis*, vol. 9, London, 1928, in 'Humor and Life Stress: Antidote to Adversity', Herbert M. Lefcourt and Rod A. Martin, Springer-Verlag, 1st edition, 1986.

2　Liane Gabora and Kirsty Kitto, 'Toward a Quantum Theory of Humor', *Frontiers in Physics*, vol. 4, no. 53, January 2017.

3　Steven M. Sultanoff, 'Levity Defies Gravity, Using Humor in Crisis Situations', *Therapeutic Humor*, vol. 9, no. 3, Summer 1995, pp. 1–2.

4　'Laughter May Be Best Medicine for Brain Surgery: Effects of Electrical Stimulation of Cingulum Bundle', *Science Daily*, 4 February 2019.

5　Norman Cousins, *Head First: The Biology of Hope*, E.P. Dutton, New York, 1989, p. 126.

6　Rod A. Martin et al., 'Individual Differences in Uses of Humor and Their Relation to Psychological Well-being: Development of the Humor Styles Questionnaire', *Journal of Research in Personality*, vol. 37, no. 1, 2003, pp. 48–75.

7　William Larry Ventis, Garrett Higbee and Susan A. Murdock, 'Using Humor in Systematic Desensitization to Reduce Fear', *Journal of General Psychology*, vol. 128, no. 2, 2001, pp. 241–53.

8　VIA Survey of Character Strengths, Positive Psychology Center, University of Pennsylvania.

9　Liliane Müller & Willibald Ruch, 'Humor and Strengths of Character', *The Journal of Positive Psychology*, vol. 6, 2011, pp. 368–76.

10　Chaya Ostrower, *It Kept Us Alive: Humor in the Holocaust*, Yad Vashem, Israel, 2014, p.60.

11　Ostrower, *It Kept Us Alive: Humor in the Holocaust*.

12　Barbara L. Fredrickson, 'The Role of Positive Emotions in Positive Psychology: The Broaden-And-Build Theory of Positive Emotions', *The American Psychologist*, vol. 56, no. 3, March 2001, pp. 218–26.

13　Hilde M. Buiting et al., 'Humour and Laughing In Patients with Prolonged

Incurable Cancer: An Ethnographic Study in a Comprehensive Cancer Centre', *Quality of Life Research: An International Journal of Quality of Life Aspects of Treatment, Care and Rehabilitation*, vol. 29, no. 99, April 2020, pp. 2425–34.

14 Hilde M. Buiting et al., 'Humour and Laughing In Patients with Prolonged Incurable Cancer: An Ethnographic Study in a Comprehensive Cancer Centre', pp. 2425–34.

15 Steven M. Sultanoff, 'Levity Defies Gravity: Using Humor to Help Those Experiencing Crisis Situations', *Therapeutic Humor*, vol. 9, no. 3, Summer 1995, pp. 1–2.

16 Robert Half, 'Is a Sense of Humour in the Workplace Good for Your Career?', Robert Half Talent Solutions, 27 March 2017.

17 'Bell Leadership Study Finds Humor Gives Leaders the Edge', Business Wire, 20 March 2012.

18 Jennifer Aaker and Naomi Bagdanos, 'How to Be Funny at Work', *Harvard Business Review,* 5 February 2021.

19 Karen O'Quin and Joel Aronoff, 'Humor as a Technique of Social Influence', *Social Psychology Quarterly*, vol. 44, 1981, pp. 349–57.

20 Brian Daniel Vivona, 'Humor Functions within Crime Scene Investigations: Group Dynamics, Stress, and the Negotiation of Emotions', *Police Quarterly*, vol. 17, no. 2, May 2014, pp. 127–49.

21 Jelena Brcic et al., 'Humor as a Coping Strategy in Spaceflight', *Acta Astronautica*, vol. 152, November 2018, pp. 175–78.

22 Joe A. Cox, Raymond L. Read and Philip M. Van Auken, 'Male–Female Differences in Communicating Job-related Humor: An Exploratory Study', *Humor,* vol. 3, no. 3, 1990, pp. 287–96.

23 Eiman Azim et al., 'Sex Differences in Brain Activation Elicited by Humor', *Proceedings of the National Academy of Sciences of the United States of America*, vol. 102, no. 45, November 2005, pp. 16496–501.

第 6 章　边玩边笑：探索游戏如何塑造更快乐的生活

1　Sigmund Freud, *Jokes and Their Relation to the Unconscious*, W.W. Norton, New York, 1963, p. 15.

2　Judith Kay Nelson, *What Made Freud Laugh – An Attachment Perspective on Laughter*, Routledge, New York, 2012.

3　Mary Beard, 'A History of Laughter – From Cicero to *The Simpsons*', *The Guardian,* 28 June 2014.

4　Sigmund Freud, *Jokes and Their Relation to the Unconscious*, p. 137.

5　Peter Derks et al., 'Laughter and Electroencephalographic Activity', *Humor: International Journal of Humor Research,* vol. 10, no. 3, 1997, pp. 285–300.

6　P. Shammi and Donald Thomas Stuss, 'Humour Appreciation: A Role of the Right Frontal Lobe', *Brain*, vol. 122, no. 4, April 1999, pp. 657–66.

7　Paul E. McGhee, *Health, Healing and the Amuse System: Humor as Survival Training*, Kendall/Hunt Publishers, Iowa, 1999.

8　Ken Makovsky, 'Behind the Southwest Airlines Culture', 21 November 2013.

9　Kristin Robertson, 'Southwest Airlines Reveals 5 Culture Lessons', Human Synergists International, 24 June 2022.

10　'Why Workplace Humour is the Secret to Great Leadership', Rise, 23 October 2018.

11　Mindful Staff, 'Why Vulnerability Is Your Superpower', 20 November 2018.

12　J.L.Teslow, 'Humor Me: A Call for Research', Educ Technol Res Dev vol. 43, pp. 6–28, 1995 in Brandon M. Savage, Heidi L. Lujan, Raghavendar R. Thipparthi, Stephen E. DiCarlo, 'Humor, Laughter, Learning, and Health! A Brief Review', Advances in Physiology Education, vol. 41, no. 3, July 2017, pp. 341–47.

13　Brandon M. Savage et al., 'Humor, Laughter, Learning, and Health! A Brief Review', pp. 341–47.

14　Kazunori Nakanishi, 'Using Humor in the Treatment of an Adolescent Girl with Mutism: A Case from Japan', *Psychoanalysis, Self and Context*, vol.

12, no. 4, September 2017, pp. 367–76.

15 The UN Refugee Agency.

16 Jaak Panksepp and Jeff Burgdorf, '"Laughing" Rats and the Evolutionary Antecedents of Human Joy?', *Physiology & Behavior*, vol. 79, no. 3, August 2003, pp. 533–47.

17 Elise Wattendorf et al., 'Exploration of the Neural Correlates of Ticklish Laughter by Functional Magnetic Resonance Imaging', *Cerebral Cortex*, vol. 23, no. 6, April 2012, pp. 1280–89.

18 Dacher Keltner and George A. Bonanno, 'A Study of Laughter and Dissociation: Distinct Correlates of Laughter and Smiling During Bereavement', *Journal of Personality and Social Psychology*, vol. 73, no. 4, 1997, pp. 687–702.

第 7 章　如果你微笑，世界会与你一起微笑

1 Barbara Wild et al., 'Neural Correlates of Laughter and Humour', *Brain,* vol. 126, no. 10, October 2003, pp. 2121–38.

2 Guillaume-Benjamin-Amand Duchenne de Bologne, *Mechanism of Human Facial Expression: Studies in Emotion and Social Interaction*, Cambridge University Press, 1990, p. 31.

3 Mark G. Frank, Paul Ekman and Wallace V. Friesen, 'Behavioral Markers and Recognizability of the Smile of Enjoyment', *Journal of Personality and Social Psychology,* vol. 64, no. 1, 1993, pp. 83–93.

4 The Newsroom, 'One Smile Can Make You Feel a Million Dollars', *The Scotsman*, 4 March 2005.

5 Alicia A. Grandey et al., 'Is "Service with a Smile" Enough? Authenticity of Positive Displays During Service Encounters', *Organizational Behavior and Human Decision Processes*, vol. 96, no. 1, January 2005, pp. 38–55.

6 Andreas Hennenlotter et al., 'The Link Between Facial Feedback and Neural Activity within Central Circuitries of Emotion: New Insights from Botulinum Toxin-Induced Denervation of Frown Muscles', *Cerebral Cortex*,

vol. 19, no. 3, March 2009, pp. 537–42.

7   Sven Söderkvist, Kajsa Ohlén and Ulf Dimberg, 'How the Experience of Emotion Is Modulated by Facial Feedback', *Journal of Nonverbal Behavior*, vol. 42, no. 1, September 2017, pp. 129–51.

8   Ernest L. Abel and Michael L. Kruger, 'Smile Intensity in Photographs Predicts Longevity', *Psychological Science*, vol. 21, no. 4, February 2010, pp. 542–44.

9   LeeAnne Harker and Dacher Keltner, 'Expressions of Positive Emotion in Women's College Yearbook Pictures and Their Relationship to Personality and Life Outcomes Across Adulthood', *Journal of Personality and Social Psychology*, vol. 80, no. 1, 2001, pp. 112–24.

10 Matthew J. Hertenstein et al., 'Smile Intensity in Photographs Predicts Divorce Later in Life', *Motivation and Emotion*, vol. 33, no. 2, June 2009, pp. 99–05.

11 Barbara L. Fredrickson and Marcial F. Losada, 'Positive Affect and the Complex Dynamics of Human Flourishing', *American Psychologist*, vol. 60, no. 7, October 2005, pp. 678–86.

12 'First Impressions Are Everything: New Study Confirms People with Straight Teeth Are Perceived as More Successful, Smarter and Having More Dates', Cision PR Newswire, 19 April 2012.

13 Fritz Strack, Leonard L. Martin and Sabine Stepper, 'Inhibiting and Facilitating Conditions of the Human Smile: A Nonobtrusive Test of the Facial Feedback Hypothesis', *Journal of Personality and Social Psychology*, vol. 54, no. 5, 1988, pp. 768–77.

14 Tom Noah, Yaacov Schul and Ruth Mayo, 'When Both the Original Study and Its Failed Replication Are Correct: Feeling Observed Eliminates the Facial-Feedback Effect', *Journal of Personality and Social Psychology*, vol. 114, no. 5, May 2018, pp. 657–64.

15 Tara L. Kraft and Sarah D. Pressman, 'Grin and Bear It: The Influence of Manipulated Facial Expression on the Stress Response', *Psychological Science*, vol. 23, no. 11, September 2012, pp. 1372–78.

16 Sven Söderkvist, Kajsa Ohlén and Ulf Dimberg, 'How the Experience of Emotion Is Modulated by Facial Feedback', *Journal of Nonverbal Behavior*, vol. 42, no. 1, September 2017, pp. 129–51.

17 William Bloom, *The Endorphin Effect: A Breakthrough Strategy for Holistic Health and Spiritual Wellbeing*, Piatkus, London, 2011, p. 28.

第 8 章　常怀感恩，事事欢喜

1 Rick Hanson, *Hardwiring Happiness: The New Brain Science of Contentment, Calm, and Confidence*, Harmony Books, New York, 2013.

2 Martin E.P. Seligman et al., 'Positive Psychology Progress: Empirical Validation of Interventions', *American Psychologist*, vol. 60, no. 5, July–August 2005, pp. 410–21.

3 Leah Dickens and David DeSteno, 'The Grateful Are Patient: Heightened Daily Gratitude Is Associated with Attenuated Temporal Discounting', *Emotion*, vol. 16, no. 4, June 2016, pp. 421–25.

4 Paul J. Mills, 'A Grateful Heart Is a Healthier Heart', American Psychological Association, 6 April 2015.

5 Asif Amin et al., 'Gratitude & Self esteem Among College Students, *Journal of Psychology & Clinical Psychiatry*, vol. 9, no. 4, July 2018.

6 Summer Allen, 'The Science of Gratitude', Greater Good Science Center, May 2018.

7 Sheung-Tak Cheng, Pui Ki Tsui and John H.M. Lam, 'Improving Mental Health in Health Care Practitioners: Randomized Controlled Trial of a Gratitude Intervention', *Journal of Consulting and Clinical Psychology*, vol. 83, no. 1, pp. 177–86.

8 Christine Porath and Douglas R. Conant, 'The Key to Campbell Soup's Turnaround? Civility', *Harvard Business Review*, 5 October 2017.

9 Douglas R. Conant, 'Secrets of Positive Feedback', *Harvard Business Review*, 16 February 2011.

10 Kristin D. Neff, Kristen L. Kirkpatrick and Stephanie S. Rude, 'Self-

compassion and Adaptive Psychological Functioning', *Journal of Research in Personality,* vol.41, no.1, February 2007, pp. 139–154.

第 9 章 温柔地对待自己：自我关怀的微笑革命

1 Marcella Raffaelli & Lenna L. Ontai, 'Gender Socialization in Latino/a Families: Results from Two Retrospective Studies', Sex Roles, vol. 50, 2004, pp. 287–99, in Lisa M. Yarnell et al. : 'Meta-Analysis of Gender Differences in Self-Compassion, Self and Identity', vol. 14, no. 5, 2015, pp. 499–520.

2 Joachim Stoeber, Alexandra Feast and Jennifer Hayward, 'Self-oriented and Socially Prescribed Perfectionism: Differential Relationships with Intrinsic and Extrinsic Motivation and Test Anxiety', Personality and Individual Differences, vol. 47, 2009, pp. 423–28.

3 Paul L. Hewitt et al., 'The Multidimensional Perfectionism Scale: Reliability, Validity and Psychometric Properties in Psychiatric Samples', *Psychological Assessment,* vol. 3, no. 3, 1991, pp. 464–68.

4 Juliana G. Breines and Sarina Chen, 'Self-compassion Increases Self-improvement Motivation', *Personality and Social Psychology Bulletin*, vol. 38, no. 9, September 2012, pp. 1133–43.

5 Neff and Vonk, 'Self-compassion Versus Global Self-esteem: Two Different Ways of Relating to Oneself', pp. 23–50.

6 Jia Wei Zhang et al., 'A Compassionate Self Is a True Self? Self-Compassion Promotes Subjective Authenticity', *Personality and Social Psychology Bulletin*, 2019.

7 Kristin D. Neff and Andrew P. Costigan, 'Self-Compassion, Wellbeing and Compassion', *Psychologie in Österreich*, vol. 2, 2014, pp. 114–19.

8 Serena Chen, 'Give Yourself a Break – The Power of Self Compassion', *Harvard Business Review,* Sept–Oct 2018.

9 Tara Brach, *Radical Compassion: Learning to Love Yourself and Your World with the Practice of RAIN,* Ebury Publishing, London, 2020.

第 10 章　快乐日记与积极重构

1　Leda Cosmides, John Tooby, 'Evolutionary Psychology and the Emotions', *Handbook of Emotions*, 2000, in Michael A. Cohn et al., 'Happiness Unpacked: Positive Emotions Increase Life Satisfaction by Building Resilience', *Emotion*, vol. 9, no. 3, June 2009, pp. 361–68.

快乐练习手册

- 在亲子关系中运用笑声效应
- 在伴侣关系中运用笑声效应
- 在疾病或逆境下运用笑声效应
- 在工作中运用笑声效应
- 在生活中运用笑声效应

现在你已经了解了笑声效应的理论与实践，是时候制订一个计划了——确定大笑能够支持并丰富生活中的哪些方面。慢慢来，哪怕只将其中一项实践融入日常的生活和 / 或工作中，都能极大地提升你的整体幸福感。你可以根据自己的喜好，选择适合自己的技巧和做法。感受身体、社交、情感、心理和精神需求的召唤。请注意，每一天都不同。

在亲子关系中运用笑声效应

以下是一些简单有趣的建议和活动，能够为你的生活带来阳光。它们可以帮助你建立充满爱与欢乐的家庭关系，使你更好地应对育儿过程中不可避免的压力。随着时间的推移，笑声效应将完全融入你的育儿风格，让"大孩子"和小孩子变得更加快乐。如果你能够做到，就在框内打个钩吧！

☐ 培养幽默感。与家庭成员一起发掘并分享一天内的有趣见闻（详情请见第 5 章"幽默的力量：从第六感到心灵疗愈"）。

☐ 动起来。肢体喜剧（滑稽的面部表情、不寻常的肢体动作，比如滑稽的步伐）对小孩子有奇效。随着孩子年龄的增长，可以加入诙谐的语言以及能够发挥创意和创造力的游戏。

☐ 设置喜剧 / 情景喜剧的观看仪式。全家坐在沙发上一起看《搞笑周末夜》（*Sunday night silly*）或者《星期五之夜》（*Friday night funny*）。

☐ **不是培养影帝和影后，而是培养喜剧演员。**孩子的反应在一定程度上受父母的影响，因此，面对一些小事故，我们需要用幽默的方式去化解，而不是表现得过分激动。例如，当孩子突然摔倒时，尝试一下幽默的反应。"是那棵树把你绊倒的吗？""好淘气的树，哈哈哈！"

☐ **保持客观。**孩子成长的过程中会经历很多阶段，因此屎尿屁笑话也只是他们要经历的一个阶段而已。

☐ **制订游戏计划。**无论是捉迷藏这样的即兴游戏，还是我们最喜欢的"苹果换苹果"之类的正式桌上游戏都可以。选择一些能带来欢笑的游戏，不要选择过于严肃或竞争激烈的游戏。

☐ **编一些家庭笑话，或者起一些有趣的昵称。**倘若透露我们家庭成员的昵称，可能会惹上麻烦，但这些年来我们的确收获了各种各样的昵称。

☐ **将某人的怪癖变成一种乐趣。**用笑声和爱意来调侃别人的怪癖，从而证明他们拥有完美的不完美，这也是一种重要的抗挫折方法。

☐ **不要把自己搞得太严肃。**偶尔犯点小错误，让孩子笑一笑。搞笑和犯傻都没关系。

☐ **用笑脸徽章或贴纸设计寻宝游戏。**在笑脸寻宝游戏中，人人都是赢家。鼓励每个人去寻找尽可能多的笑脸徽章或贴纸。

☐ **通过亲切的微笑表扬和奖励孩子的良好行为与其他成就。**不要放过任何一个肯定和表扬孩子或伴侣优点的机会。

☐ **创造机会，一起欢笑。**哪些活动适合你的家庭？野餐、主题晚餐、远足或假日，任何能够培养高质量亲子关系的活动都可以。

☐ **清晨第一件事：在脸上绽放微笑。**向家人微笑，尤其是那些坏脾气的家伙（详见第 7 章中有关微笑的内容）。

☐ **即兴创作有趣的睡前故事，让孩子也参与其中。**这是一个非常有趣的仪式，尤其是当孩子们发出自己的声音时。

☐ **领养一个"毛孩子"。**一只小狗或小猫的出现会让你的家庭充满童真童趣。新冠病毒疫情之初，我们家迎来一只巧克力色的拉布拉多幼犬，我们给它取名为 LOLA。这个名字并非来自奇想乐队（Kinks）的歌名，而是 Laugh Out Loud Always（笑声永在）的首字母缩写。LOLA 俏皮可爱的举动为疫情封锁下的生活增添了欢乐，也让我们的家庭关系变得更加亲密。

☐ **练习感恩。**制作一个感恩罐，将你收到或注意到的赞赏和感激的信息放入其中。每周将它们拿出来进行分享

（更多增长善意的技巧，请参考第 8 章"常怀感恩，事事欢喜"）。

□ **奖励善良的行为。**当孩子优先考虑他人的需要或慷慨解囊时，请赞美他们的行为。

在伴侣关系中运用笑声效应

制造欢笑，而不是争端。如前文所述，幽默感一直是伴侣的"必备条件"之首。但是，当生活的画卷徐徐展开，幽默似乎成为遥不可及的愿望，因为压力和生活中的种种障碍可能会使共同欢笑的时光越来越少。笑声效应可以提醒我们最重要的是什么，提醒自己当初为什么会爱上对方。它能帮助我们保持平衡，减轻压力，并使关系持续迸发火花。

☐ **微笑的眼神交流**。当我们睁开眼睛，吸收新一天的能量时，这一天的基调基本确定。在脸上绽放微笑，你希望自己怎么样，也要鼓励你的伴侣那样做（可以回忆第 7 章中有关镜像神经元的内容）。

☐ **安排共享欢笑的时间**。选择一部你们都喜欢的情景喜剧，听有趣的播客，或者去看一场喜剧表演。

☐ **分享幽默**。如果一天中发生了有趣的事情，不要把它藏在心里——放大它的作用，与他人分享。

☐ **陪伴对方**。在彼此陪伴的时候，不要一直盯着手机。只有一起享受当下，才更有可能创造欢愉的时刻。

☐ **与那些令你快乐并开怀大笑的朋友或家人共度时光。**尽管与家人和朋友相处的时光未必总是欢乐的，但是，当你可以选择的时候，请珍惜这些时光。

☐ **微笑镜子。**相对而坐，盯着对方的脸，看谁能一直忍住不笑。请做好爆笑的准备吧。

☐ **尽可能避免带着对另一人的怒气入睡。**在紧张的情况下，尝试用幽默来化解敌意。甚至可以说："我相信，我们以后回想起这件事时会觉得很搞笑。"这些策略就像断路器一样，为良好的沟通铺平道路。尽管有时很有挑战性，但这是一种值得坚持和练习的大笑技巧。

☐ **做一个爱玩的人。**众所周知，爱玩的人未必能带来欢笑，但他善于分享快乐，享受生活中轻松的一面。

☐ **创造只有你们听得懂的笑话。**不知道我是否应该承认这一点，但我和丹尼有一个有趣的习惯：把人按照与之相像的动物进行分类。我们会因为和"寻回犬""海狸""信天翁"或"长颈鹿"聊天而傻笑。

☐ **当你的伴侣激活笑声效应时，请赞美他。**如果你们共同发展这些技能，那么产生的影响力会更大——无论是对个人还是对夫妻二人。

□ **与人为善。真实而慷慨的善举会激发一个人内在或外在的微笑。**重视一天里的众多微时刻。主动为伴侣泡杯茶或咖啡，或者分担家务。

□ **重温趣事。**对于你的思维来说，回忆的作用几乎等同于真实发生的事情。翻看老照片，甚至约好时间，重游曾经为你们带来欢笑的地方。

□ **给对方起一个可爱有趣的爱称。**令人惊讶的是，爱称可以经久不衰。我们夫妻俩的一个爱称来自孩子出生之前别人送给我们的一只超大号玩具熊的名字。

□ **玩游戏。**专门抽出一个晚上来玩游戏，例如问答游戏、填字游戏、香蕉拼字（Bananagrams）、拉米牌（Rummikub）等任何你们觉得有趣和好玩的游戏。哪里有趣，哪里就有欢笑。

□ **培养感恩之心。**养成习惯，每天分享当天令你满意的三件事，或者伴侣令你心生感激的行为或品质。

□ **想办法为平淡的一天制造更多欢笑。**随性而为，即兴发挥。为伴侣制造一些惊喜。把厨房变成舞蹈室——打开音箱，从餐具抽屉里翻出鼓槌，边唱边跳，就像没有明天一样。

□ **减少"牙膏管时刻"。**伴侣如何挤牙膏、是否将牙膏盖子盖好等问题都会引发争吵，进而发展成对关系的批判。经常激活笑声效应，有助于减少因这些小事而产生的怒气和沮丧。想一想那个红色马自达（请参考第8章）的例子。你将注意力放在哪里，哪里就能得到发展，因此伴侣关系的发展取决于你们要关注"牙膏管"，还是一起开怀大笑。

在疾病或逆境下运用笑声效应

即使在生病或身处逆境的时候，放大积极的方面也会使你感觉更舒适。激活大笑思维模式能够提升治疗效果。以笑声效应的振奋能量为基础，让身体、思想和精神都朝着健康的方向发展，远离疾病。它会使光明更加耀眼，支持你度过这段充满挑战的时光。

□ 写快乐日记。借助快乐日记，突出一天中令你满意的事情——正常运转的身体部位、为你提供支持的朋友、令你心生感激之情的外部环境、心满意足的微时刻。无论看起来多么琐碎，都要以积极的基调书写，寻找光明并扩大光明 (请参考第 10 章)。

□ 用充满力量的语言重塑挑战。使用积极且充满希望的语言。对自己的故事提出质疑，用全新的、充满力量的语言重写你的故事。这样做可以缓解相关的创伤，减轻心理的负担 (更多建议请参考第 10 章)。

□ 对他人和自己微笑。这样可以促进内啡肽的流动，激活身体的疼痛管理系统，增强幸福感并减轻疼痛。制订一个微笑时间表，经常将发自内心的微笑挂在脸上，保持足够长的时间，感受被微笑拥抱的感觉。将微笑融入日常冥想练习，或者通过专注的微笑冥想来增强内在和外在的微笑（请参考第 7 章）。

☐ **多与能让你振奋精神的人相处**。这一点说起来容易做起来难，但在可能的情况下，多和那些能让你对自己的处境感到乐观的人在一起，也就是那些与你进行"正常"对话的朋友或家人——让自己放松并开怀大笑。通过与他们相处，你可以暂时忘掉自己的问题，只做你自己，将目前的困境抛在脑后。

☐ **给自己一个开怀大笑的机会**。为了健康，大笑 10 秒，这对缓解沮丧、恐惧或焦虑的情绪大有裨益。以 1 分钟为目标。设置好计时器，然后大笑。如需结合深呼吸，可尝试间歇大笑（请参考第 3 章）。

☐ **善待自己，用自我关怀来抚慰自己**。将手放在心脏的位置，用爱的语言给予自己支持和鼓励，或者在内心深处全心全意地微笑。如果自我关怀对你来说有点困难，那么可以考虑一下，你可能会对经历类似情况的亲人说什么，然后再对自己说同样的话。

☐ **呼吸。每天检查自己的呼吸。**它是深是浅？是快是慢？花一些时间进行深而缓慢的呼吸，让呼气时间略长于吸气时间。例如，吸气数三下，呼气数四下。重复几次呼吸循环后，放松反应开始发挥作用，身体通过特定的呼吸模式向副交感神经系统发出信号，从而使身体保持平静和安宁。将注意力集中在心脏中心的吸气和呼气上。感受空气进入然后又离开这个神圣的空间。每一次呼吸都要扩大心脏周围的能量。当你沉浸在平静的状态后，注意意识和身体的反应。你还可以在练习中加入积极的意向：吸气时感受活力、治愈和快乐；呼出消极情绪、压力或疾病。

☐ **清点你的祝福。**关注、暂停，然后吸收一天中的美好。每天最少回想或记录三件让你心生感激的事情。你也可以对未来的希冀表达感恩。具体表现对当下的感恩之情。你在追求什么就会得到什么(请参考第8章中的感恩练习)。

☐ **寻找乐趣。**面对逆境时，一个常见的后果就是丧失幽默感。如果你从目前的处境中找不到任何有趣的东西，那就跳出这个处境，看一看外面的世界。在互联网或社交媒体上寻找灵感，或者找一个你最喜欢的喜剧演员，无论何时他都能让你的精神为之一振。

☐ **放声大笑**。加入大笑瑜伽俱乐部（线上或线下形式皆可），挑选喜剧或者可以观看或收听的轻松愉快的节目。对着镜子中的自己，或者在洗澡或坐在车里的时候，不带任何评判（无论是自我评判还是他人的评判）地大笑（请参考第 3 章中的刻意大笑练习）。

☐ **放下负罪感**。平时尽可能多做一些能给你带来快乐并且放松身心的事情。做一次按摩，看一部心爱的电影，品尝最喜欢的食物，或者收听一个振奋人心的播客。任何能够滋养灵魂的活动都可以。

☐ **进行感恩身体扫描**。花点时间感知自己的身体，感谢它日复一日地辛勤工作，不求回报（请参考第 8 章）。

如果需要进一步了解如何在疾病或逆境中形成大笑思维模式，可阅读我的回忆录和治疗指南《笑对癌症：如何用爱、欢笑和正念治愈癌症》（*Laughing at Cancer: How to Heal with Love, Laughter and Mindfulness*）。这本书包含了很多简单的技巧和策略，可以在你最需要的时候改善身心健康，强化积极心态。

在工作中运用笑声效应

将笑声效应用在工作上，可以提高创造力、沟通能力和工作表现。即使你在家工作，也可以通过一些方法将笑声效应融入日常，为自己增添快乐。

☐ **给会议增加幽默元素。**在会议中安排时间讲一个轻松的正面笑话，或指定一个人，让他在自愿的情况下分享一下发生在家里、工作中或其他地方的趣事。确保幽默是积极的、包容的，并且欢迎多样性。

☐ **向同事和客户露出真诚的灿烂笑容。**在上班途中、工作中或回家路上，向他人展露你的微笑。在你的办公室成立一个"微笑小队"——不要笑，我说真的。21 世纪初，澳大利亚维多利亚州的警察局就成立了一支"微笑小队"，试图在社区营造更加积极的氛围。

☐ **欢笑茶会。**组织以笑为主题的午餐会，主题可以涉及大笑瑜伽、大笑科学或大笑冥想等。

☐ **成立一个趣味委员会。**也许这是最有意思的委员会。这是一种能够制造欢笑并建立友谊的好方法：烹饪比赛、问答游戏、寻宝游戏、任何主题的锦标赛、休息期间的喜剧电影或虚拟游戏之夜。这样的活动不胜枚举，笑声也会不绝于耳。

☐ **鼓励聊天和嬉笑**。你一定还记得，大笑可以发挥标点符号的作用，但它所指的是大部分发生在谈话过程中的大笑（请参考第 2 章）。制造一些随意聊天的机会，比如聚餐，员工可以自带菜肴并相互分享，或者午餐时间散步或其他活动。

☐ **在团队建设中加入破冰环节**。有些活动非常适合作为游戏并制造笑声，比如"两句真一句假""我是谁"或"不许笑"游戏，让大家围成一圈或排成一行，一起大喊"哈哈哈"，直到有人真的笑出声来。

☐ **随手播撒善意**。在同事桌上留一张带笑脸的便条。请同事喝一杯咖啡。尽你所能，让别人的一天变得更加灿烂，尤其是当他们可能要度过充满挑战的一天时。赞美他人。在同事的桌子上留下美味小吃。全心全意倾听他人的担忧。分享鼓舞人心或幽默的模因或名言。

☐ **尽可能用积极的态度重构压力情境**。你能否找到一种方法，从另一个角度看待这种特定的情况，从中找到些许

乐趣，或者哪怕是一点点积极的成果，也许是计划内的

成果，也许是预料之外的结果（请参考第 10 章的重构

技巧）。

□ 让工作场所成为一个充满感恩之情的空间。制作一棵感

恩树。在同事的办公桌上留下表达感谢的便条，这些便

条可以是匿名的。给过去或现在的同事手写一张便条。

经常说谢谢。设计一面感谢墙（有关感恩文化的请参考

第 8 章）。

□ 不吝惜赞美。不要把积极的反馈留给自己，将积极的反

馈分享给其他同事或他们的管理者。

□ 指定一位"快乐大使"。可以每月轮换一次，以保持新

鲜感和激励性。

□ 在上班或下班的路上，听一听振奋人心的播客或喜剧播

客。这是一种缓解压力、放松头脑并保持清醒的好方

法，可以使你以更加乐观的心态与同事、家人和朋友

相处。

在生活中运用笑声效应

将笑声效应融入日常，可以改变你的生活。练习得越多，你会变得愈加开朗。让我们创造一个充满幽默、欢笑和积极的"快乐家园"吧。

☐ **在社交媒体上发布或分享有趣的双关语或模因。** 在瓦次普（What's App，一款用于通信的应用程序）上创建一个朋友或家庭小组。加入一个以幽默为主题的线上群组。有很多群组可供选择。分享有趣和滑稽的事物。

☐ **加入大笑瑜伽俱乐部，线上线下的俱乐部皆可。** 有多种形式的大笑瑜伽俱乐部可供选择，线上俱乐部意味着你可以在全球任何地方参加它的活动。

☐ **写一份待观看的情景喜剧或喜剧电影清单。** 把清单放在容易拿取的地方，方便家庭成员定期补充。我们家将清单贴在冰箱上。全家一起观看更容易笑出声。

☐ **创建一个欢笑 / 幽默 / 游戏仪式。** 哪些东西可以让你与内心的童真与爱玩的自己建立联系？不要听之任之——

允许自己在某些时间犯傻，把游戏放在首位，用笑填满生活。

☐ 写幽默日记或做剪贴簿。从概念上来说，它类似于感恩日记，但重点在于收集和整理你觉得有趣的事情。可以回忆一天中有趣的遭遇，也可以收集有趣的漫画、名言或模因。当你需要振奋精神的时候，快速浏览一下你囤积的幽默素材，重温欢声笑语。

☐ 选择一个"笑友"。他能保证你每天都有欢声笑语。你们甚至不需要交谈，只需选择一天中的某个时间，有意识地一起大笑几分钟。建立"笑友"关系可以增加你的责任感。

☐ 不要将笑或不笑的选择交给命运。清晨第一件事就是笑着向镜中的自己打招呼，随时展露笑容。不要思考，尽管笑就对了。

☐ 用微笑冥想让一天回归平静。当你与内心的微笑和幸福之源建立联系时，脸上的笑容也会增多。经常练习可以让真诚和全心全意的微笑始终流动在你的身边（请参考第 7 章）。

☐ 偶尔选择一天与新闻隔离。即使你错过了一点新闻，世界也不会分崩离析，但如果不能让自己得到片刻休息，那你可能会崩溃。

☐ **关注那些让你感觉良好的人和事。**每天花些时间留意和反思那些有益的感觉或经历。暂停并接纳这种令人愉悦的能量。将更多的注意力放在每一天美好的微时刻，你将发现更多的美好。

☐ **善待自己和他人。**寻找机会，随时与人为善。受助者会因此而愉悦，你自己也会收获同样的心情。

☐ **提升自我关怀，恢复内心的平衡。**如果你一无所有，就无法给予他人更多东西。倾听内心的对话，注意它对你提出了多少同情或批评（请参考第 9 章的自我关怀练习）。

☐ **用幽默或轻松的方式重塑日常的压力。**我们为自己讲述的故事可能比事件本身对情绪的伤害更大。通过写日记或者积极重构，我们可以改变自己的故事，找到全新的视角，发现更加轻松的可能性。

☐ **培养感激之心。**不仅对亲人表达感恩，对相识的人或者为你提供过帮助的人，无论是多么微小的帮助，都要表达感恩之情。你可以为他人亲手书写表达感谢的纸条，也可以发短信或电子邮件表示感谢。每天记录下你所感激的人和事，让善意在心中生长，并感受它的蔓延。与此同时，也不要忘记对你自己表达感谢（请参考第 8 章）。

☐ **肯定你的快乐。**创造一些能为你的幸福和快乐增添动力的肯定语。经常大声说出来，或者在心中默念。

☐ **刺激内啡肽的流动。**找到自己的快乐源泉，让生活与它保持一致，尽可能将快乐之源融入每一天。定期检查并关注内在微笑的激发因素是否发生了变化。发挥想象的力量，进一步点燃你的快乐源泉（请参考第 7 章，了解促进内啡肽释放的做法以及如何制作内啡肽展板）。

简述能够在生活中放大笑声效应的其他做法。

The Laughter Effect

你是不是很久都没有真正笑过了？

在忙碌的生活和重重压力之下，笑容似乎变得越来越稀缺，
但是你知道吗？笑不仅是一种情绪的表达，更是一剂良药。

笑可以帮助我们：

提升幸福感、缓解压力

有助于增强免疫系统，抵御疾病

锻炼横膈膜和呼吸系统，以及腹部、面部、腿部和背部肌肉

消耗热量，益于减肥

从精疲力竭到满血复活

30 种
实用小诀窍，
激发笑的潜力

- 列出小时候能让你感到快乐的所有事情。
- 在职场中玩"两句真一句假"的游戏。
- 接受"不许笑挑战"；对红绿灯微笑。